轨道交通装备制造业职业技能鉴定指导丛书

数控铣工

中国北车股份有限公司　编写

中国铁道出版社

2015年·北京

图书在版编目(CIP)数据

数控铣工/中国北车股份有限公司编写．—北京：中国铁道出版社，2015.4
(轨道交通装备制造业职业技能鉴定指导丛书)
ISBN 978-7-113-19986-9

Ⅰ.①数… Ⅱ.①中… Ⅲ.①数控机床—铣床—职业技能—鉴定—自学参考资料 Ⅳ.①TG547

中国版本图书馆CIP数据核字(2015)第039088号

书　　名：轨道交通装备制造业职业技能鉴定指导丛书
数控铣工
作　　者：中国北车股份有限公司

策　　划：江新锡　钱士明　徐　艳
责任编辑：张　瑜　　　**编辑部电话**：010-51873371
封面设计：郑春鹏
责任校对：王　杰
责任印制：郭向伟

出版发行：中国铁道出版社(100054，北京市西城区右安门西街8号)
网　　址：http://www.tdpress.com
印　　刷：三河市兴达印务有限公司
版　　次：2015年4月第1版　2015年4月第1次印刷
开　　本：787 mm×1 092 mm　1/16　印张：9.5　字数：232千
书　　号：ISBN 978-7-113-19986-9
定　　价：30.00元

中国北车职业技能鉴定教材修订、开发编审委员会

序

在党中央、国务院的正确决策和大力支持下，中国高铁事业迅猛发展。中国已成为全球高铁技术最全、集成能力最强、运营里程最长、运行速度最高的国家。高铁已成为中国外交的新名片，成为中国高端装备“走出国门”的排头兵。

中国北车作为高铁事业的积极参与者和主要推动者，在大力推动产品、技术创新的同时，始终站在人才队伍建设的重要战略高度，把高技能人才作为创新资源的重要组成部分，不断加大培养力度。广大技术工人立足本职岗位，用自己的聪明才智，为中国高铁事业的创新、发展做出了重要贡献，被李克强同志亲切地赞誉为“中国第一代高铁工人”。如今在这支近 5 万人的队伍中，持证率已超过 96%，高技能人才占比已超过 60%，3 人荣获“中华技能大奖”，24 人荣获国务院“政府特殊津贴”，44 人荣获“全国技术能手”称号。

高技能人才队伍的发展，得益于国家的政策环境，得益于企业的发展，也得益于扎实的基础工作。自 2002 年起，中国北车作为国家首批职业技能鉴定试点企业，积极开展工作，编制鉴定教材，在构建企业技能人才评价体系、推动企业高技能人才队伍建设方面取得明显成效。为适应国家职业技能鉴定工作的不断深入，以及中国高端装备制造技术的快速发展，我们又组织修订、开发了覆盖所有职业(工种)的新教材。

在这次教材修订、开发中，编者们基于对多年鉴定工作规律的认识，提出了“核心技能要素”等概念，创造性地开发了《职业技能鉴定技能操作考核框架》。该《框架》作为技能人才评价的新标尺，填补了以往鉴定实操考试中缺乏命题水平评估标准的空白，很好地统一了不同鉴定机构的鉴定标准，大大提高了职业技能鉴定的公信力，具有广泛的适用性。

相信《轨道交通装备制造业职业技能鉴定指导丛书》的出版发行，对于促进我国职业技能鉴定工作的发展，对于推动高技能人才队伍的建设，对于振兴中国高端装备制造业，必将发挥积极的作用。

中国北车股份有限公司总裁：[signature]

2015.2.7

前 言

鉴定教材是职业技能鉴定工作的重要基础。2002年,经原劳动保障部批准,中国北车成为国家职业技能鉴定首批试点中央企业,开始全面开展职业技能鉴定工作。2003年,根据《国家职业标准》要求,并结合自身实际,组织开发了《职业技能鉴定指导丛书》,共涉及车工等52个职业(工种)的初、中、高3个等级。多年来,这些教材为不断提升技能人才素质、适应企业转型升级、实施"三步走"发展战略的需要发挥了重要作用。

随着企业的快速发展和国家职业技能鉴定工作的不断深入,特别是以高速动车组为代表的世界一流产品制造技术的快步发展,现有的职业技能鉴定教材在内容、标准等诸多方面,已明显不适应企业构建新型技能人才评价体系的要求。为此,公司决定修订、开发《轨道交通装备制造业职业技能鉴定指导丛书》(以下简称《丛书》)。

本《丛书》的修订、开发,始终围绕促进实现中国北车"三步走"发展战略、打造世界一流企业的目标,努力遵循"执行国家标准与体现企业实际需要相结合、继承和发展相结合、坚持质量第一、坚持岗位个性服从于职业共性"四项工作原则,以提高中国北车技术工人队伍整体素质为目的,以主要和关键技术职业为重点,依据《国家职业标准》对知识、技能的各项要求,力求通过自主开发、借鉴吸收、创新发展,进一步推动企业职业技能鉴定教材建设,确保职业技能鉴定工作更好地满足企业发展对高技能人才队伍建设工作的迫切需要。

本《丛书》修订、开发中,认真总结和梳理了过去12年企业鉴定工作的经验以及对鉴定工作规律的认识,本着"紧密结合企业工作实际,完整贯彻落实《国家职业标准》,切实提高职业技能鉴定工作质量"的基本理念,在技能操作考核方面提出了"核心技能要素"和"完整落实《国家职业标准》"两个概念,并探索、开发出了中国北车《职业技能鉴定技能操作考核框架》;对于暂无《国家职业标准》、又无相关行业职业标准的40个职业,按照国家有关《技术规程》开发了《中国北车职业标准》。经2014年技师、高级技师技能鉴定实作考试中27个职业的试用表明:该《框架》既完整反映了《国家职业标准》对理论和技能两方面的要求,又适应了企业生产和技术工人队伍建设的需要,突破了以往技能鉴定实作考核中试卷的难度与完整性评估的"瓶颈",统一了不同产品、不同技术含量企业的鉴定标准,提高了鉴定考核的技术含量,保证了职业技能鉴定的公平性,提高了职业技能鉴定工作质量和管理水平,将成为职业技能鉴定工作、进而成为生产操作者技能素质评价的新标尺。

本《丛书》共涉及98个职业(工种),覆盖了中国北车开展职业技能鉴定的所有职业(工种)。《丛书》中每一职业(工种)又分为初、中、高3个技能等级,并按职业技能鉴定理论、技能考试的内容和形式编写。其中:理论知识部分包括知识要求练习题与答案;技能操作部分包括《技能考核框架》和《样题与分析》。本《丛书》按职业(工种)分册,并计划第一批出版74个职业(工种)。

本《丛书》在修订、开发中,仍侧重于相关理论知识和技能要求的应知应会,若要更全面、系统地掌握《国家职业标准》规定的理论与技能要求,还可参考其他相关教材。

本《丛书》在修订、开发中得到了所属企业各级领导、技术专家、技能专家和培训、鉴定工作人员的大力支持;人力资源和社会保障部职业能力建设司和职业技能鉴定中心、中国铁道出版社等有关部门也给予了热情关怀和帮助,我们在此一并表示衷心感谢。

本《丛书》之《数控铣工》由中国北车集团大连机车研究所有限公司《数控铣工》项目组编写。主编丛新春,副主编初永春;主审王龙华,副主审包晓玥、于彬;参编人员王森、于惠洋。

由于时间及水平所限,本《丛书》难免有错、漏之处,敬请读者批评指正。

中国北车职业技能鉴定教材修订、开发编审委员会
二〇一四年十二月二十二日

目　　录

数控铣工(职业道德)习题

一、填 空 题

1. 我国社会主义道德建设的核心是(　　)。

2. 我国社会主义道德建设的原则是(　　)。

3. 爱岗敬业是中华民族的传统美德和(　　)。

4. 实事求是就是,是一说一,是二说二,严格按照客观现实思考或办事。求,就是(　　)。

5. 集体利益高于一切,员工必须以集体主义为根本原则,正确处理个人利益、他人利益、班组利益、部门利益和公司利益的(　　)。

6. “CNR”是(　　)的英文缩写,与国际惯例一致,利于品牌的呼叫和在国际市场上的传播推广。

7. 中国北车的使命是(　　)。

8. 中国北车团队建设目标是(　　)。

9. 专利法是为了保护专利权人的合法权益,鼓励(　　),推动发明创造的应用,提高创新能力,促进科学技术进步和经济社会发展。

10. 公司法规定,公司可以设立分公司。设立分公司,应当向公司登记机关申请登记,领取营业执照。分公司不具有法人资格,其民事责任由(　　)承担。

11. 建立劳动关系应当订立劳动合同。订立和变更劳动合同应当遵循平等自愿、协商一致的原则,不得违反(　　)的规定。

12. 合同法规定,依法成立的合同,对当事人具有法律约束力。当事人应当按照约定履行自己的义务,不得擅自(　　)合同。

13. 产品质量法规定,可能危及人体健康和人身、财产安全的(　　),必须符合保障人体健康和人身、财产安全的国家标准、行业标准;未制定国家标准、行业标准的,必须符合保障人体健康和人身、财产安全的要求。

14. 建设污染环境的项目,必须遵守国家有关建设项目环境保护管理的规定。建设项目的(　　),必须对建设项目产生的污染和对环境的影响做出评价,规定防治措施。

15. 一切国家机关、武装力量、政党、社会团体、企业事业单位和(　　)都有保守国家秘密的义务。任何危害国家秘密安全的行为,都必须受到法律追究。

16. 保守企业秘密属于(　　)职业道德规范的要求。

17. 办事公道的具体要求是坚持真理、公私分明、(　　)、光明磊落。

18. 遵纪守法的具体要求是学法、(　　)。

19. 树立企业信誉和形象的三个要素是产品质量、服务质量和(　　)。

20. 文明礼貌的具体要求是仪表端庄、(　　)、举止得体、待人热情。

21. 职业纪律的特点是,职业纪律具有明确的规定性和(　　)。

22. 我国安全生产方针是安全第一，预防为主，(　　)。

二、单项选择题

1. 职业道德既是对本职人员在职业活动中的行为标准和要求，同时又是职业对社会所负的(　　)。

(A)专业技能要求　　(B)职业素质责任
(C)道德责任与义务　　(D)历史责任

2. 下列关于职业道德的说法，正确的是(　　)。

(A)职业道德与人格高低无关
(B)职业道德的养成只能靠社会强制规定
(C)职业道德素质的提高与从业人员的个人利益无关
(D)职业道德从一个侧面反映人的道德素质

3. 下列关于职业技能的说法，正确的是(　　)。

(A)掌握一定的职业技能，也就是有了较高的文化知识水平
(B)掌握一定的职业技能，有助于从业人员提高就业竞争力
(C)掌握一定的职业技能，就一定能履行好职业责任
(D)掌握一定的职业技能，就意味着有较高的职业道德素质

4. 个人要取得事业成功，实现自我价值，关键是(　　)。

(A)德才兼备　　(B)人际关系好
(C)掌握一门实用技术　　(D)运气好

5. 中国北车接轨世界一流科技的的内涵是，瞄准世界一流科技，全面增强(　　)，努力开发应用领先技术，创造北车特色的产品和服务。

(A)先进管理能力　　(B)全球品牌影响力
(C)运营效率能力　　(D)自主创新能力

6. 企业文化具有鲜明的个性和特色，具有(　　)，每个企业都有其独特的文化淀积，这是由企业的生产经营管理特色、企业传统、企业目标、企业员工素质以及内外环境不同所决定的。

(A)一定的前瞻性　　(B)较高的传播性
(C)相对独立性　　(D)时代特点

7. 执行本单位的任务或者主要是利用本单位的物质技术条件所完成的发明创造为职务发明创造。职务发明创造申请专利的权利属于(　　)。

(A)员工　　(B)该单位
(C)员工和该单位共同拥有　　(D)主管部门

8. 公司法规定，设立公司必须依法制定公司章程。公司章程对公司、股东、董事、监事和(　　)具有约束力。

(A)员工　　(B)正式员工　　(C)管理人员　　(D)高级管理人员

9. 劳动法规定，劳动者应当完成劳动任务，提高(　　)，执行劳动安全卫生规程，遵守劳动纪律和职业道德。

(A)工作效率　　(B)产品质量　　(C)职业技能　　(D)业务水平

10. 自愿原则是合同法的重要基本原则，合同当事人通过协商，自愿决定和调整相互权利

义务关系。同时自愿也不是(　　),当事人订立合同、履行合同,应当遵守法律、行政法规。

(A)绝对的　(B)相对的　(C)主观的　(D)客观的

11. 企业根据自愿原则可以向国务院产品质量监督部门认可的或者国务院产品质量监督部门授权的部门认可的认证机构申请(　　)。

(A)产品抽查　(B)产品检验　(C)产品质量认证　(D)质量资质认证

12. 因产品存在缺陷造成损害要求赔偿的诉讼时效期间为(　　),自当事人知道或者应当知道其权益受到损害时起计算。

(A)一年　(B)二年　(C)三年　(D)五年

13. 产生环境污染和其他公害的单位,必须把环境保护工作纳入计划,建立(　　);采取有效措施,防治在生产建设或者其他活动中产生的废气、废水、废渣、粉尘、恶臭气体、放射性物质以及噪声、振动、电磁波辐射等对环境的污染和危害。

(A)自然生态区域　(B)自然保护区域

(C)环境保护责任制度　(D)环境保护规划体系

14. 涉密人员离岗离职实行(　　)管理。涉密人员在此期间内,应当按照规定履行保密义务,不得违反规定就业,不得以任何方式泄露国家秘密。

(A)脱密期　(B)解密期　(C)保密期　(D)解禁期

15. 强化职业责任是(　　)职业道德规范的具体要求。

(A)勤劳节俭　(B)团结协作　(C)爱岗敬业　(D诚实守信

16. 下列关于创新的论述,正确的是(　　)。

(A)创新是民族进步的灵魂　(B)创新就是独立自主

(C)创新不需要引进国外新技术　(D)创新与继承根本对立

17. 平等待人的精髓是(　　)。

(A)相同　(B)尊重　(C)平均　(D)热情

18. 下列表述违背遵纪守法要求的是(　　)。

(A)学法、知法、守法、用法　(B)用法、护法、维护自身权益

(C)研究法律漏洞,为企业谋利益　(D)依据企业发展的要求,创建企业规章制度

19. 下列行为能体现出办事公道的是(　　)。

(A)在任何情况下按“先来后到”的次序提供服务

(B)对当事人“各打五十大板”

(C)协调关系奉行“中间路线”

(D)处理问题“不偏不倚”

20. 团结互助的基本要求是(　　)。

(A)平等尊重、加强协作　(B)办事公道、诚实守信

(C)自主创新、爱岗敬业　(D)勤奋奉献、勤劳节俭

三、多项选择题

1. 职业道德的特征包括(　　)。

(A)职业性　(B)实践性　(C)多样性　(D)不确定性

2. 职业道德是指人们在职业生活中应遵循的基本道德,即一般社会道德在职业生活中的

具体体现，是(　　)的总称，属于自律范围。

(A)职业品德　(B)职业纪律　(C)专业胜任能力　(D)职业责任

3. 职业道德的主要内容有(　　)。

(A)爱岗敬业　(B)服务群众　(C)办事公道　(D)诚实守信

4. 爱岗敬业的具体要求是(　　)。

(A)抓住择业机遇　(B)强化职业责任

(C)提高职业技能　(D)树立职业理想

5. 忠于职守、乐于奉献是从业人员应该具备的一种崇高精神，是做到(　　)的前提和基础。

(A)求真务实　(B)优质服务　(C)勤奋奉献　(D)资格认证

6. 下列属于职业化内涵的是(　　)。

(A)职业化的工作技能　(B)职业化的工作形象

(C)职业化的工作内容　(D)职业化的工作道德

7. 中国北车的核心价值观是(　　)。

(A)诚信为本　(B)创新为魂　(C)崇尚行动　(D)勇于进取

8. 中国北车打造世界一流水平的蓝领队伍的内涵是，全力培养一大批(　　)，带动提升蓝领人才队伍的素质提升与职业水准。

(A)高级技能人才　(B)业内一流团队

(C)专业领军人物　(D)"金蓝领"

9. 企业文化是企业为解决生存和发展的问题而树立形成的，被组织成员认为有效而共享，并共同遵循的基本(　　)。

(A)信仰　(B)信念　(C)认知　(D)纪律

10. 专利法所称的发明创造是指(　　)。

(A)发明　(B)产品设计　(C)实用新型　(D)外观设计

11. 公司从事经营活动，必须遵守法律、行政法规，遵守(　　)，接受政府和社会公众的监督，承担社会责任。

(A)规章制度　(B)商业道德　(C)诚实守信　(D)社会公德

12. 劳动者享有平等就业和选择职业的权利、取得劳动报酬的权利、休息休假的权利、获得劳动安全卫生保护的权利、接受职业技能培训的权利、享受(　　)的权利、提请劳动争议处理的权利以及法律规定的其他劳动权利。

(A)社会保险　(B)健身运动　(C)福利　(D)定期旅游

13. 合同法规定，合同当事人的法律地位平等，一方不得将自己的意志强加给另一方。其中平等原则是指(　　)。

(A)合同当事人的法律地位一律平等

(B)合同中的权利义务对等

(C)合同当事人在订立、履行合同的过程中，都要诚实，讲信用

(D)合同当事人必须就合同条款充分协商，取得一致，合同才能成立

14. 生产者应当对其生产的产品质量负责。产品质量应当符合的要求有(　　)。

(A)不存在危及人身、财产安全的不合理的危险

(B)有保障人体健康和人身、财产安全的国家标准、行业标准的，应当符合该标准

(C)符合在产品或者其包装上注明采用的产品标准

(D)符合以产品说明、实物样品等方式表明的质量状况

15. 产品质量法规定,因产品存在缺陷造成受害人人身伤害的,侵害人应当赔偿(　　)等费用。

(A)医疗费　　(B)赡养费

(C)人身伤害保险费　　(D)因误工减少的收入

16. 制定环境保护法的目的是为保护和改善(　　),防治污染和其他公害,保障人体健康,促进社会主义现代化建设的发展。

(A)生产环境　　(B)工作环境　　(C)生活环境　　(D)生态环境

17. 一切单位和个人都有保护环境的义务,并有权对污染和破坏环境的单位和个人进行(　　)。

(A)检举　　(B)控告　　(C)整改　　(D)处理

18. 保守国家秘密的工作,实行(　　)的方针,既确保国家秘密安全,又便利信息资源合理利用。

(A)积极防范　　(B)突出重点　　(C)依法管理　　(D)分级保护

19. 文明生产是指生产的科学性,要创造一个保证质量的内部条件和外部条件。外部条件主要指环境、光线等有助于保证质量,包括(　　)。

(A)零部件尺寸符合图纸要求　　(B)工夹量具放置整齐

(C)生产场地卫生整洁　　(D)设备仪器保持良好状态

20. 文明生产的内容包括(　　)。

(A)严格执行各项规章制度　　(B)环境整洁优美,个人讲究卫生

(C)工位器具齐全,物品堆放整齐　　(D)建立定期的组内评比制度

四、判 断 题

1. 职业道德就是同人们的职业活动紧密联系的符合职业特点所要求的道德准则、道德情操与道德品质的总和。(　　)

2. 爱岗敬业就要求一辈子都要坚守同一职业岗位。(　　)

3. 从业人员在职业生活中,要坚持办事公道,并且还要做到公私分明和坚持原则。(　　)

4. 纪律也是一种行为规范,但它是介于法律和道德之间的一种特殊的规范。(　　)

5. 中国北车"牵引行业进步"的含义就是发展轨道交通,促进世界商旅和物资流通发展;善尽社会责任,做优秀企业公民。(　　)

6. 中国北车凝聚力团队建设的共同的价值观是,以共同的理想和事业追求凝聚每个事业单位、每位员工,为实现北车的远大目标而团结奋斗。(　　)

7. 利用本单位的物质技术条件所完成的发明创造,无论单位是否与发明人或者设计人订有合同,无论是否对申请专利的权利和专利权的归属作出约定的,该单位为专利权人。(　　)

8. 公司研究决定改制以及经营方面的重大问题、制定重要的规章制度时,应当听取公司工会的意见,并通过职工代表大会或者其他形式听取职工的意见和建议。(　　)

9. 根据《中华人民共和国劳动法》规定,劳动合同可以约定试用期,但试用期最长不得超

过6个月。(　　)

10. 合同法规定,当事人订立合同,必须采用书面形式。书面形式一般是指当事人双方以合同书、书信、电报、电传、传真等形式达成协议。(　　)

11. 产品质量法规定,根据产品的特点和使用要求,需要标明产品规格、等级、所含主要成分名称和含量的,用中文或英文相应予以标明。(　　)

12. 环境保护法所称环境,是指影响人类生存和发展的各种天然的和经过人工改造的自然因素的总体,包括大气、水、海洋、土地、矿藏、森林、草原、野生动物、自然古迹、人文遗迹、自然保护区、风景名胜区、城市和乡村等。(　　)

13. 语言规范中包含了语速要快以节省客人时间的具体要求。(　　)

14. 每天提前到公司,在上班之前准备好完成工作必须的工作条件,调整好需要的工作状态,保证准时开始一天的工作,这是一种良好的职业习惯。(　　)

15. 客人的投诉是对我们最大的支持。(　　)

16. 凡是优秀的企业一定具有相同的价值观。(　　)

17. 不利用工作之便贪污受贿或谋取私利,主要是体现了员工乐于奉献的职业道德水平。(　　)

18. 优质服务是职业道德所追求的最终目标,优质服务是职业生命力的延伸。(　　)

19. 职业道德总是以法规、制度、章程、条例的形式表达,让从业人员认识到职业道德具有强烈的纪律强制性。(　　)

20. 平等尊重是指在社会生活和人们的职业活动中,不管彼此之间的社会地位、生活条件、工作性质有多大差别,都应一视同仁,平等相待,互相尊重,互相信任。(　　)

21. 及时的向上级请示汇报工作,虽然有利于工作任务的完成,但不利于自己学习到更多工作经验和技能。(　　)

22. 做好清洁卫生,虽然可以保证一天整洁有序的工作环境,但会浪费工作时间,降低工作效率。(　　)

23. 消费可以拉动需求,促进经济发展,因此提倡节俭是不合时宜的,不符合现代企业精神。(　　)

24. 文明礼貌的具体要求是仪表端庄、语言规范、举止得体、待人热情。(　　)

数控铣工(职业道德)答案

一、填 空 题

1. 为人民服务　2. 集体主义　3. 现代企业发展的需要
4. 深入实际,调查研究　5. 相互关系　6. 中国北车
7. 接轨世界、牵引未来　8. 实力、活力、凝聚力　9. 发明创造　10. 公司
11. 法律、行政法规　12. 变更或者解除　13. 工业产品
14. 环境影响报告书　15. 公民　16. 遵纪守法　17. 公平公正
18. 知法、守法和用法　19. 信守承诺　20. 语言规范　21. 一定的强制性
22. 综合治理

二、单项选择题

1. C　2. D　3. B　4. A　5. D　6. B　7. B　8. D　9. C
10. A　11. C　12. B　13. C　14. A　15. C　16. A　17. B　18. C
19. D　20. A

三、多项选择题

1. ABC　2. ABCD　3. ABCD　4. BCD　5. ABC　6. ACD　7. ABCD
8. AD　9. BC　10. ACD　11. BD　12. AC　13. ABD　14. ABCD
15. AD　16. CD　17. AB　18. ABC　19. BCD　20. ABCD

四、判 断 题

1. √　2. ×　3. √　4. √　5. ×　6. ×　7. ×　8. √　9. √
10. ×　11. ×　12. √　13. ×　14. √　15. √　16. ×　17. ×　18. √
19. ×　20. √　21. ×　22. ×　23. ×　24. √

数控铣工(中级工)习题

一、填 空 题

1. 图样中书写的汉字应写成(　　)。

2. 图样中书写的字母和数字可写成(　　)。

3. 在同一图样中,同类图线的宽度应基本一致,虚线、点画线及双点画线的线段长度和间隔应各自(　　)。

4. 当图形较小难以绘制细点画线时,可用(　　)代替细点画线。

5. 通常标题栏应位于图框的(　　),并且看图方向应与标题栏的方向一致。

6. 装配图中的明细表一般包含序号、(　　)、名称、数量、材料、质量和备注等基本内容。

7. 在图纸中均布的缩写词为(　　)。

8. 在图纸中球半径的缩写词为(　　)。

9. 在取样长度内,被测轮廓上各点至轮廓中线距离绝对值的算术平均值 R_a 值越大,则表面越(　　)。

10. 轮廓算术平均偏差用符号(　　)表示。

11. 用剖切面将零件剖开后的剖视图称为(　　)。

12. 当机件具有倾斜机构,且倾斜表面在基本投影面上投影不能反映实形,可采用(　　)表达。

13. 标注一个完整的序号,一般应有三个部分:指引线、水平线或圆圈及(　　)。

14. 钢是含碳量在(　　)之间的铁碳合金。

15. W18Cr4V 表示(　　)系高速钢。

16. Q235 的钢材厚度或直径不大于 16 mm 时的屈服强度为(　　)MPa。

17. 低碳钢加工前一般采用(　　)热处理以提高机械加工性能。

18. 淬火钢中温回火后得到的组织为(　　)。

19. 铸铁是含碳量大于(　　)的铁碳合金。

20. 根据碳的存在形式不同,可将铸铁区分为(　　)。

21. 根据黄铜中所含合金元素种类的不同,黄铜分为(　　)。

22. 交流电的简写为(　　)。

23. 1 A 等于(　　)μA。

24. 变压器的最主要部件是(　　)和绕组。

25. 热继电器可用于电动机(　　)。

26. X6132 型卧式万能铣床的纵向、横向和垂向三个方向的进给运动是(　　)的,不能同时进给。

27. 铣削国标滚子链轮时,若专用铣刀的刀号选择错误,则会使(　　)不正确。

28. 数控机床的伺服系统由伺服驱动和(　　)两个部分组成。

29. 数控机床加工的加工精度比普通机床高，是因为数控机床的传动链较普通机床的传动链(　　)。

30. 步进电机的角位移与(　　)成正比。

31. 机床坐标系的原点称为(　　)。

32. 机床主轴润滑系统中的空气过滤器必须(　　)检查。

33. 液压传动系统中，采用(　　)可以防止灰尘的进入。

34. 挤压丝锥不开容屑槽，也不开切削刃，它是用(　　)原理加工螺纹。

35. 双刃镗刀有两个切削刃，背向力互相抵消不易产生(　　)。

36. 铰削过程是一个复杂的过程，是挤压和(　　)过程。

37. 常用的刀具材料有高速钢、(　　)、陶瓷材料和超硬材料四类。

38. 铣刀按切削部分材料分类，可分为(　　)铣刀和硬质合金铣刀。

39. 当金属切削刀具的刃倾角为负值时，刃尖位于主刀刃的最高点，切屑排出时流向工件(　　)表面。

40. 采用短圆柱芯轴定位，可限制(　　)个自由度。

41. 若工件采用一面两销定位，可限制(　　)个自由度。

42. 在立式铣床上利用回转工作台铣削工件的圆弧面时，应转动(　　)来找正圆弧面中心与回转工作台中心重合。

43. 刀具直径为 10 mm 的高速钢立铣刀铣削铸铁件时，主轴转速为 1 200 r/min，计算得切削速度为(　　)mm/min。(注：小数点保留一位)

44. 工件以两顶尖定位时，限制(　　)个自由度。

45. 滚压加工后的形状精度和位置精度主要取决于(　　)工序。

46. 半精加工的目的是降低粗加工中留下的误差，使被加工表面达到一定精度，来为(　　)做准备。

47. 一般情况下，根据零件的精度要求，结合现有工艺条件并考虑加工经济精度的因素来选择(　　)。

48. 如果在一道工序中只要求加工面本身余量均匀，这时可以(　　)基准。

49. 钻模的主要作用是控制刀具位置和引导其送进方向，以保证工件被加工孔的(　　)精度。

50. 平头支撑钉适用于已加工平面的定位，球面支撑钉适用于未加工平面的定位，网纹支撑钉常用于(　　)定位。

51. 测量孔的深度时，应选用(　　)尺。

52. 用偏心件直接或间接夹紧工件的机构称为(　　)夹紧机构。

53. 作定位元件用的 V 形架上两斜面间的夹角，一般以(　　)应用最多。

54. 在数控铣床上铣削平面时，要求保证工件被加工面和底面之间的尺寸精度和平行度，这时应限制工件(　　)个自由度。

55. 测量内孔尺寸时，应使卡尺量爪间距略小于被测工件尺寸，将量爪沿着孔的中心线放入，使固定量爪与孔边接触，然后使活动量爪在被测工件孔内表面稍微游动一下，找出(　　)尺寸。

56. 千分尺两测量面将与工件接触时，要使用(　　)装置，不要直接转动微分筒。

57. 滚动轴承在机床上，由于具有摩擦系数小、运转安静等优点，因而机床上已大量采用滚动轴承，内径 25 mm，转速 30 000 r/min 以下时，可用封入(　　)。

58. 润滑油有两大类：一是车用润滑油；二是(　　)。

59. 黏度指数是依据 40 ℃和(　　)℃运动黏度来计算的。

60. 我国基础油的分类是以(　　)为标准，共分五类。

61. 闪点根据其测定方法不同分为开口闪点和(　　)两种。

62. 切削加工中最常用的切削液有非水溶性和(　　)两大类。

63. 乳化液是将乳化油用(　　)稀释而成。

64. 最高管理者应以(　　)为目的，确保顾客的需求和期望得以满足。

65. 环境管理体系文件中必须包括监测和(　　)校准记录。

66. 环境管理者代表由组织的(　　)任命。

67. 对于变更管理，组织应在(　　)识别在组织内、职业健康安全管理体系中或组织活动中与该变更相关的职业健康安全危险源和职业健康安全风险。

68. 职业健康安全管理体系文件应在保证活动的(　　)和效率的前提下尽可能少。

69. 对职业健康安全管理有关的工作标准、惯例、程序、法律法规要求的偏离称为(　　)。

70. 职业健康安全管理体系要求组织应界定其职业健康安全管理体系的(　　)，并形成文件。

71. 如果在纠正措施或预防措施中识别出新的或变化的危险源，则程序应要求对拟定的措施在其实施(　　)进行风险评价。

72. 工作场所是指在组织控制下实施与工作相关的活动的(　　)物理地点。

73. 可确认的、由工作活动和(或)工作相关状况引起或加重的身体或精神的不良状态，就是(　　)。

74. 组织应建立、实施并保持程序，用于与(　　)就影响他们的职业健康安全的变更进行协商。

75. 投影线与投影面垂直的投影称为(　　)投影法。

76. 工件向不平行于任何基本投影面的平面上投影得到的视图称为(　　)。

77. 在生产过程中与机械加工有关的过程称为(　　)。

78. 由于工件材料和切削条件的不同，所以切屑类型有带状切屑、节状切屑、单元状切屑和(　　)切屑四种。

79. 工具钢刀具切削温度超过 200 ℃时，金相组织发生变化，硬度明显下降，失去切削能力而使刀具磨损称为(　　)。

80. 当切屑变形最大时，切屑与刀具的摩擦也最大，对刀具来说传热不容易的区域是在(　　)，其切削温度也最高。

81. 机械加工中的预备热处理方法有退火、正火、调质和(　　)处理四种。

82. 长 V 形架对圆柱定位，可限制工件的(　　)个自由度。

83. 用来确定生产对象几何要素间的几何关系所依据的那些点、线、面被称为(　　)。

84. 一个自由物体共有(　　)个自由度。

85. 以毛坯尚未经加工过的表面作基准，这种定位基准被称为(　　)基准。

86. 在立式铣床上铣削曲线轮廓时，立铣刀的直径应(　　)工件上最小凹圆弧的直径。

87. 铣削加工三维曲面工件时应采用(　　)铣刀。

88. 加工时铣刀直径选得大些可(　　)。

89. 高温合金导热性差，高温强度大，切削时容易粘刀，故铣削高温合金时，后角要大些，前角应取(　　)。

90. 在数控编程时，使用(　　)指令后，就可以按工件的轮廓尺寸进行编程，而不需按照刀具的中心线运动轨迹来编程。

91. 圆弧插补时，通常把与时钟走向一致的圆弧叫(　　)。

92. 按控制运动的方式分类，数控机床可分为点位控制、直线控制和(　　)等三种。

93. 对于数控机床，规定平行于(　　)的坐标轴为 Z 轴，取刀具远离工件的方向为正方向($+Z$)。

94. 数控加工程序的每个(　　)是由若干个指令字组成，指令字代表某一信息单元。

95. 数控程序中的每个指令字由(　　)和数字组成，它代表机床的一个位置或一个动作，指令字是程序中指令的最小单位。

96. 为了提高零件的加工精度，对刀点应尽量选在零件的设计基准或(　　)上。

97. 在数控铣床上加工整圆时，为避免工件表面产生刀痕，刀具从起始点沿圆弧表面的(　　)进入进行圆弧铣削加工。

98. 在轮廓控制中，为了保证一定的精度和编程方便，通常利用刀具半径和(　　)补偿功能。

99. 数控机床坐标系三坐标轴 X、Y、Z 及其正方向用(　　)判定。

100. 数控机床的混合编程是指(　　)和增量值编程的混合。

101. 编程时可将重复出现的程序编成(　　)，使用时可以由主程序多次重复调用。

102. 数控机床自动编程有两种：(　　)软件编程和 CAM 软件编程。

103. 在数控编程时，是按照(　　)来进行编程，而不需按照刀具在机床中的具体位置。

104. 实现刀具半径左补偿的指令代码是(　　)。

105. 数控机床有着不同的运动方式，编写程序时，规定刀具(　　)的方向为正。

106. FANUC 系统中，子程序出现 M99 程序段，则表示(　　)返回主程序。

107. 普通数控铣床程序与加工中心编程的主要区别是(　　)。

108. 在机床数控面板上，英文拼写 POINT 表示(　　)。

109. 用符号(　　)表示跳过此段程序，执行下一段。

110. 在机床面板上，用英文 MDI 表示(　　)。

111. 在机床面板上，用英文 POS 表示(　　)。

112. 数控机床中，用代码(　　)表示直线插补。

113. 数控机床中，用代码(　　)表示逆时针圆弧插补。

114. FANUC 系统数控机床中，用代码(　　)表示切削过程中暂停。

115. FANUC 系统数控机床中，用代码(　　)表示程序暂停。

116. 刀具位置补偿包括(　　)和刀具长度补偿。

117. 数控机床中的标准坐标系采用(　　)，并规定增大刀具与工件之间距离的方向为坐标正方向。

118. 在加工程序执行前，调整每把刀的刀位点，使其尽量重合某一理想基准点，这一过程称为(　　)。

119. 对刀是数控加工中最重要的工作内容，其准确性将直接影响零件的(　)。

120. 新铣床试运转时应检查主电机的(　)是否符合要求。

121. 在数控加工中，刀具刀位点相对于工件运动的轨迹称为(　　)。

122. 空运行主要是用来进行(　　)的时候为避免刀具 X 轴或 Z 轴和机床本体发生碰撞所使用的一种检验程序的方法。

123. 首件试切加工时应尽量(　　)快速进给速度。

124. 对刀时将测得的 X、Y、Z 值输入到机床(　　)存储地址中，一般使用 G54～G59 代码存储对刀参数。

125. 使用用户宏程序时，数值可以直接指定或用(　　)指定。

126. 当用变量时，变量值可用(　　)或用 MDI 面板上的操作改变。

127. 机床参考点通常设置在机床各轴靠近(　　)极限的位置。

128. 螺旋齿的圆柱形铣刀，齿数少，刀齿强度高，容屑空间大，适用于(　　)。

129. 带有中心孔的平底头型立铣刀，因有中心孔定位，故(　　)。

130. 整体焊齿式铣刀的刀齿常用(　　)或其他耐磨刀具材料制成，并焊接在刀体上。

131. 顺铣时，铣刀的旋转方向和切削的进给方向是(　　)的。

132. 在轮廓加工编程中，如果是按照刀具中心的运动轨迹来描述加工过程的，加工时也应按(　　)对刀。

133. 采用 FANUC 系统进行轮廓加工编程时，顺圆插补指令是(　　)。

134. 铣削平面零件的外表面轮廓时，常采用沿零件(　　)的延长线切向切入和切出零件表面。

135. 加工凹形曲面时，球头铣刀的球半径通常(　　)加工曲面的曲率半径。

136. 走刀路线加工面为(　　)的零件称为曲面类零件。

137. 铣刀在铣削工件曲面时，数控系统控制着铣刀中心移动，此刀具中心与(　　)有对应的关系。

138. 在不产生过切的前提下，曲面的(　　)加工优先选择立铣刀。

139. 标准中心钻的保护锥部分的圆锥角大小为(　　)。

140. 镗阶梯孔时，镗刀刀片主偏角一般为(　　)。

141. 铰孔时对孔的轴线偏斜精度的纠正能力(　　)。

142. 麻花钻的切削几何角度最不合理的切削刃是(　　)。

143. 键槽铣刀有(　　)个刀齿，其圆柱面和端面都有切削刃，端面刃延至中心。

144. 采用立铣刀铣削槽侧面时，为了减小加工面的表面粗糙度 R_a 的值，应该采用(　　)铣削方式。

145. 键槽铣刀最主要用来加工(　　)。

146. 在卧铣上铣开口键槽，应用(　　)铣刀。

147. 用百分表或千分表测量零件时，测量杆必须(　　)于被测量表面。

148. 游标卡尺的主尺刻线每格间距为(　　)。

149. 游标卡尺是一种测量长度、深度和(　　)的量具。

150. 用每刻度是 0.01 mm 的百分表测量台阶时,若长针从 0 指到 10,则台阶高差是(　　)mm。

151. 数控铣床的日常维护、保养,一般情况下是由(　　)来进行的。

152. 设备润滑"五定"是(　　)和定人。

153. 设备三级保养包括日常维护保养、(　　)。

154. 设备保养维护的"四会"指对设备会使用、会维护、会检查、会(　　)。

155. 数控铣床上常用的润滑方式有(　　)润滑和油液润滑两种。

156. 保持机床周围环境清洁,空气过滤器要(　　),以免冷却空气通道不畅,引起数控柜内温度过高而使数控系统不能正常工作。

157. 数控铣床通电后,检查各开关、按钮和报警灯是否正常、灵活,机床有无(　　)和异常现象。

158. 数控铣床开机后,操作者在确认机床无异常后,先(　　)待润滑情况及各部位正常后方可工作。

159. 数控铣床的机械结构较传统铣床的机械结构(　　),部件精度高,对维护提出了更高的要求。

160. 在每日检查时液压系统的(　　)应在两条红线之间。

161. 故障排除后,应按(　　)消除软件报警信息显示。

162. 在大部分机床故障出现时,(　　)程序将通过报警指示灯和显示屏显示报警内容和报警序号。

163. 当报警信息显示为"程序结束代码未指定"时,应对(　　)的内容进行修改。

164. 数控机床发生故障报警后,应采取的对策是(　　)。

165. 数控系统的软件报警有来自 NC 的报警和来自(　　)的报警。

166. 水平仪一般是用来测量水平面或(　　)面的微小角度。

167. 按水平仪的外形不同,水平仪可分为(　　)和尺式水平仪两种。

168. 将气泡水平仪置于 2 m 长的平板之上,若水平仪灵敏度为 0.01 mm/m,当气泡有一个刻度的差异时,则平板的两端点有(　　)mm 的高低差异。

169. 使用水平仪应先行检查,先将水平仪放在平板上,读取气泡的刻度大小,然后将水平仪反转置于同一位置 ,再读取其刻度大小,若(　　)相同,即表示水平仪底座与气泡管相互间的关系是正确的。

170. 在测垂直度时,(　　)水平仪可以吸附在垂直工作面上,不用人工扶持,减轻了劳动强度,避免了人体热量辐射带给水平仪的测量误差。

二、单项选择题

1. 斜体字字头向右倾斜,与水平基准线成(　　)。

(A)30°　　(B)60°　　(C)70°　　(D)75°

2. 细双折线一般用于(　　)。

(A)断裂处的分界线　　(B)机件断裂处的边界线

(C)视图与局部视图的分界线　　(D)极限位置的轮廓线

3. 填写标题栏时,(　　)必须标注材料,组件不标注材料。

(A)零件 (B)外购件 (C)部件 (D)单件

4. 倒角 2×45°的缩写形式为(　　)。

(A)S2 (B)D2 (C)C2 (D)B2

5. 10 mm 厚的板材,其厚度缩写形式为(　　)。

(A)H10 (B)D10 (C)T10 (D)t10

6. 符号"∠"在位置公差中表示(　　)。

(A)对称度 (B)位置度 (C)垂直度 (D)倾斜度

7. 同一零件上,工作表面的粗糙度参数值(　　)非工作表面的粗糙度参数值。

(A)小于 (B)大于 (C)等于 (D)超过

8. 机械制图中常用的三个视图分别为主视图、俯视图及(　　)。

(A)右视图 (B)左视图 (C)剖视图 (D)仰视图

9. 主视图、左视图、俯视图都是圆的几何体是(　　)。

(A)圆锥 (B)圆柱 (C)球 (D)空心圆柱

10. 钢是钢材含碳量在 0.04%～2.3%之间的铁碳合金,为了保证其韧性和塑性,含碳量一般不超过(　　)。

(A)1.7% (B)1.2% (C)1% (D)0.08%

11. 铸钢所采用的缩写字母为(　　)。

(A)G (B)ZU (C)ZG (D)Z

12. 一般测量材料的强度、塑性、硬度、冲击韧度、疲劳强度可采用(　　)试验来测定。

(A)冲击 (B)爆破 (C)拉伸 (D)阻尼

13. 42CrMo 属于(　　)。

(A)普通质量碳素钢 (B)合金钢

(C)特殊质量碳素钢 (D)以上都不是

14. 淬火的主要目的是将奥氏体化的工件淬成(　　)。

(A)肖氏体或卡氏体 (B)索氏体和洛氏体

(C)马氏体 (D)肖氏体

15. 碳钢的淬火工艺是将其工件加热到一定温度,保温一段时间,然后采用的冷却方式是(　　)。

(A)随炉冷却 (B)在风中冷却

(C)在空气中冷却 (D)在水中冷却

16. T12 钢的正火处理就是将钢加热到(　　)保温,然后空冷的工艺操作。

(A)Ac1 以上 30 ℃～50 ℃ (B)Accm 以上 30 ℃～50℃

(C)Accm 以下 30 ℃～50℃ (D)Ac3 以上 30 ℃～50℃

17. 钢的淬透性主要决定于(　　)。

(A)冷却介质 (B)加热温度

(C)淬火临界冷却速度 (D)工件大小

18. HT100 属于(　　)铸铁的牌号。

(A)球墨 (B)灰 (C)蠕墨 (D)可锻

19. LF11 是一种(　　)。

(A)防锈铝 (B)硬铝 (C)超硬铝 (D)锻铝

20. 1 MΩ 代表(　　)欧。

(A)千　(B)兆　(C)万　(D)百

21. 运行中的变压器某一侧突然短路,在原副绕组中将产生很大的(　　)。

(A)电压　(B)电容　(C)电流　(D)电场

22. 一台变压器额定电压是 220/110 V,如果错将低压侧接到 220 V 的电源上,其空载电流将会(　　)。

(A)减小　(B)降为零　(C)不变　(D)增大

23. 电压互感器层绝缘折边的目的是(　　)。

(A)防止层间爬电　(B)导线定位

(C)增加强度　(D)包扎紧实

24. 三相笼式异步电动机采用热继电器作为过载保护时,热元件的整定电流为电动机额定电流的(　　)。

(A)1 倍　(B)1.5～2.5 倍　(C)1～1.5 倍　(D)1.3～1.8 倍

25. 用接触器控制一台 10 kW 三相异步电动机时宜选用额定电流(　　)的交流接触器。

(A)10 A　(B)20 A　(C)40 A　(D)100 A

26. 当用 G02/G03 指令对被加工零件进行圆弧编程时,下面关于使用半径 R 方式编程的说明不正确的是(　　)。

(A)整圆加工不能采用该方式编程　(B)该方式与使用 I、J、K 效果相同

(C)大于 180°的弧,R 取正值　(D)R 可取正值也可取负值,但加工轨迹不一样

27. 在 X6132 型卧式万能铣床上铣削矩形牙嵌离合器时,若分度头主轴线与工作台面不垂直,则离合器(　　)。

(A)无法啮合　(B)齿侧表面粗糙

(C)槽底不能接平　(D)无答案

28. 要求数控铣床的(　　)系统能在多坐标方向同时协调动作,保持预定的相互关系,就是要求机床应能实现两轴以上的联动。

(A)反馈　(B)伺服　(C)换刀　(D)功率放大

29. 规格较大、性能较强的数控铣床,其功能已向(　　)靠近,进而演变成柔性加工单元。

(A)柔性制造系统　(B)计算机集成制造系统

(C)加工中心　(D)计算机集成制造。

30. 闭环控制系统的位置检测装置装在(　　)。

(A)传动丝杠上　(B)伺服电机轴端

(C)机床移动部件上　(D)数控装置中

31. CNC 系统的系统软件存放在(　　)。

(A)单片机　(B)程序储存器　(C)PLC　(D)穿孔纸带

32. 数控机床日常保养中,(　　)部位不需要定期检查。

(A)导轨　(B)润滑油位　(C)切削液位　(D)印刷电路

33. 数控机床电器柜的空气交换部件应(　　)清除积尘,以免温升过高产生故障。

(A)每日　(B)每周　(C)每季度　(D)每年

34. 属于钨钛钽钴类硬质合金的是(　　)。

(A)YG8　(B)YW2　(C)YT30　(D)YG6A

35. 用硬质合金刀具对碳素钢工件进行精加工时,应选择刀具材料的牌号为(　　)。

(A)YT30　(B)YT5　(C)YG3　(D)YG8

36. 数控机床使用的刀具必须具有较高强度和耐用度,成型铣削加工刀具常用的刀具材料是(　　)。

(A)硬质合金　(B)高速钢　(C)工具钢　(D)陶瓷刀片

37. 切削刃形状复杂的刀具用(　　)材料制造较为合适。

(A)硬质合金　(B)人造金刚石　(C)陶瓷　(D)高速钢

38. 高速切削时应使用(　　)类刀柄。

(A)BT40　(B)CAT40　(C)JT40　(D)HSK63A

39. 球头铣刀的球半径通常(　　)加工曲面的曲率半径。

(A)小于　(B)大于　(C)等于　(D)A、B、C 都可以

40. 在数控铣床的(　　)内设有自动拉退装置,能在数秒钟内完成装刀、卸刀,使换刀显得较方便。

(A)主轴套筒　(B)主轴　(C)套筒　(D)刀架

41. 用高速钢铰刀铰削铸铁时,由于铸铁内部组织不均引起振动,容易出现(　　)现象。

(A)孔径收缩　(B)孔径不变　(C)无答案　(D)孔径扩张

42. "M"类碳化物刀具主要用于铣削(　　)。

(A)不锈钢　(B)碳钢　(C)铸铁　(D)非铁金属

43. 铣刀直径选得大些,可以(　　)。

(A)提高效率　(B)降低加工表面粗糙度

(C)容易发生振动　(D)A、B、C 都可以

44. 高速钢刀具切削温度超过 550 ℃～600 ℃时,刀具材料会发生金相变化,使刀具迅速磨损,这种现象称为(　　)磨损。

(A)扩散　(B)相变　(C)氧化　(D)粘接

45. 铣刀中的尖齿刀具在刃磨时应(　　)。

(A)刃磨前刀面　(B)刃磨后刀面

(C)前后刀面同时刃磨　(D)刃磨侧刀面

46. 当刀具前角增大时,切屑容易从前刀面流出,切削变形小,因此(　　)。

(A)切削力增大　(B)切削力减小　(C)切削力不变　(D)切削力波动

47. 在断续铣削过程中将(　　)修磨成较大的负值,可以有效地提高刀具的耐用度。

(A)前角　(B)主偏角　(C)刃倾角　(D)后角

48. 箱体类零件的定位基准常用(　　)方案。

(A)三面定位　(B)两面一孔定位

(C)一面两孔定位　(D)两孔定位

49. 通常精度较高的小孔径内孔表面加工工艺顺序是(　　)。

(A)钻孔、扩孔、铰孔　(B)扩孔、钻孔、铰孔

(C)铰孔、钻孔、扩孔　(D)钻孔、铰孔、扩孔

50. 铣削平面零件的外表面轮廓时,常采用沿零件轮廓曲线的延长线切向切入和切出零

件表面,以便于(　　)。

(A)提高效率　　(B)减少刀具磨损

(C)提高精度　　(D)保证零件轮廓光滑

51. 在铣削加工余量不大且加工精度要求不高的平面时,可按(　　)方法进行加工。

(A)一次铣去全部余量　　(B)先粗后精

(C)除梯铣削　　(D)粗铣—半精铣—精铣

52. 可选用(　　)来测量孔内径是否合格。

(A)水平仪　　(B)圆规　　(C)内径千分尺　　(D)环规

53. 夹具的动力装置中,最常见的动力源是(　　)。

(A)气动　　(B)气液联动　　(C)电磁　　(D)真空

54. 常用的夹紧机构中,自锁性能最可靠的是(　　)。

(A)楔形　　(B)螺旋　　(C)偏心　　(D)铰链

55. 按工艺过程的不同来划分夹具,(　　)不属于这类概念范畴。

(A)机床夹具　　(B)检验夹具　　(C)专用夹具　　(D)装配夹具

56. 一般情况下被测工件公差应大于量具分度值的(　　),如用一把 0～150 mm 的卡尺测量公差为±0.08 mm 的工件。

(A)五倍　　(B)一倍　　(C)两倍　　(D)三倍

57. 基础油有矿油型和合成型两大类,而绝大多数是(　　)型。

(A)合成　　(B)矿油　　(C)植物　　(D)动物

58. 粗加工时选以冷却为主的(　　)。

(A)切削油　　(B)乳化液　　(C)煤油　　(D)水

59. 下列四种切削液,润滑性能最好的是(　　)。

(A)乳化液　　(B)极压乳化液　　(C)水溶液　　(D)磨削液

60. 切削液在使用一段时间后经常会出现变臭、发酸,一般的解决方法是(　　)。

(A)降低切削液的 pH 值　　(B)提高切削液的 pH 值

(C)添加清水　　(D)添加防锈剂

61. 职工应按公司(　　)进行实施是落实质量第一方针、提高全面经济效益的可靠保证。

(A)《质量管理手册》　　(B)《质量保证书》

(C)《质量方针》　　(D)《安全操作规程》

62. 下列不是质量管理体系审核依据的是(　　)。

(A)ISO 9001 标准和法律法规　　(B)质量管理体系文件

(C)ISO 9004 标准　　(D)合同

63. 致力于增强满足质量要求的能力的活动是(　　)。

(A)质量策划　　(B)质量保证　　(C)质量控制　　(D)质量改进

64. 重要环境因素是指具有或可能具有(　　)。

(A)环境影响的环境因素　　(B)潜在环境影响的环境因素

(C)较大环境影响的环境因素　　(D)重大环境影响的环境因素

65. GB/T 28001—2011 标准旨在针对的是(　　)。

(A)职业健康安全　　(B)员工健身或健康计划

(C)产品安全 (D)财产损失或环境影响

66. 在磨一个轴套时，先以内孔为基准磨外圆，再以外圆为基准磨内孔，这是遵循(　　)的原则。

(A)基准重合 (B)基准统一 (C)自为基准 (D)互为基准

67. 选择粗基准时，重点考虑如何保证各加工表面(　　)，使不加工表面与加工表面间的尺寸、位置符合零件图要求。

(A)有足够的余量 (B)切削性能好

(C)进/退刀方便 (D)对刀方便

68. 精基准是用(　　)作为定位基准面。

(A)未加工表面 (B)加工后的表面

(C)切削量小的表面 (D)复杂表面

69. 一般情况下，刀具的后角主要根据(　　)来选择。

(A)切削宽度 (B)切削厚度 (C)工件材料 (D)切削速度

70. 粗加工时，切削速度的增大主要受(　　)限制。

(A)表面粗糙度 (B)尺寸精度 (C)刀具角度 (D)刀具耐用度

71. 铣细长叶片时，要使用尾架来增加工件的(　　)。

(A)韧性 (B)刚度 (C)强度 (D)稳定性

72. 分析零件图的视图时，根据视图布局，首先找出(　　)。

(A)主视图 (B)后视图 (C)俯视图 (D)前视图

73. 选择加工表面的设计基准作为定位基准称为(　　)。

(A)基准统一原则 (B)互为基准原则

(C)基准重合原则 (D)自为基准原则

74. 工件在V形块或三个支承钉上定位时，属于(　　)。

(A)完全定位 (B)过定位 (C)重复定位 (D)欠定位

75. 加工工件时，尽量选择(　　)的表面作粗基准。(B、1、X)

(A)粗糙 (B)光洁 (C)余量大 (D)以上都可以

76. 在确定工件在夹具中的定位方案时，决不允许发生(　　)。

(A)欠定位 (B)过定位

(C)重复定位 (D)定位基准与设计基准不重合

77. 在常用的钨钴类硬质合金中，粗铣时一般应选用(　　)牌号的硬质合金。

(A)YG3 (B)YG6 (C)YG6X (D)YG8

78. 具有较好的综合切削性能的硬质合金，其牌号有YA6、YW1、YW2等，这类硬质合金称为(　　)硬质合金。

(A)钨钴类 (B)钨钛钴类 (C)通用 (D)涂层

79. 铣削难加工材料，衡量铣刀磨损程度时，是以刀具的(　　)磨损为准。

(A)前刀面 (B)后刀面 (C)主切削刃 (D)上刀面

80. 切削金属材料时，在切削速度较低、切削厚度较大、刀具前角较小的条件下，容易形成(　　)。

(A)挤裂切屑 (B)带状切屑 (C)崩碎切屑 (D)螺旋形切屑

81. 下列指令属于准备功能字的是(　　)。

(A)G90　(B)S800　(C)M03　(D)T0101

82. 在程序编制时,总是把工件看作(　　)。

(A)旋转的　(B)运动的　(C)静止的　(D)直线运动的

83. G96 S150 表示切削点线速度控制在(　　)。

(A)150 m/min　(B)150 r/min

(C)150 mm/min　(D)150 mm/r

84. 根据加工零件图样选定的编制零件程序的原点是(　　)。

(A)机床原点　(B)加工原点　(C)编程原点　(D)刀具原点

85. 车刀的刀位点是指(　　)。

(A)主切削刃上的选定点　(B)刀尖

(C)刀柄夹持点　(D)卡盘端面

86. 程序停止,程序复位到起始位置的指令是(　　)。

(A)M00　(B)M01　(C)M02　(D)M30

87. 加工中心编程与数控铣床编程的主要区别是(　　)。

(A)指令格式　(B)换刀程序　(C)宏程序　(D)指令功能

88. FANUC 系统中,车削圆锥切削循环的指令是(　　)。

(A)G90　(B)G92　(C)G93　(D)G96

89. 有些零件需要在不同的位置上重复加工同样的轮廓形状,应采用(　　)。

(A)比例加工功能　(B)镜像加工功能

(C)旋转功能　(D)子程序调用功能

90. 用来指定圆弧插补的平面和刀具补偿平面为 XY 平面的指令是(　　)。

(A)G16　(B)G17　(C)G18　(D)G19

91. 撤销刀具长度补偿指令是(　　)。

(A)G40　(B)G42　(C)G43　(D)G49

92. 从提高刀具耐用度的角度考虑,螺纹车削加工应优先选用(　　)。

(A)G32　(B)G92　(C)G76　(D)G85

93. 数控铣床的 G41/G42 是对(　　)进行补偿。

(A)刀尖圆弧半径　(B)刀具半径

(C)刀具长度　(D)刀具角度

94. 采用直径编程的指令是(　　)。

(A)G34　(B)G35　(C)G36　(D)G37

95. 下列指令不是模态指令的是(　　)。

(A)M02　(B)M03　(C)M04　(D)M05

96. 以下辅助功能代码中,常用于作为主程序结束的代码是(　　)。

(A)M30　(B) M9　(C)M07　(D)M05

97. 表示固定循环功能的代码是(　　)。

(A)G80　(B)G83　(C)G94　(D)G02

98. 程序段前面加“/”符号表示(　　)。

(A)不执行　(B)停止　(C)跳跃　(D)单程序

99. 下列指令属于极坐标直线插补的G功能指令是(　　)。

(A)G11　(B)G01　(C)G00　(D)G10

100. 下列说法正确的是(　　)。

(A)执行M01指令后,所有存在的模态信息保持不变

(B)执行M01指令后,所有存在的模态信息可能发生变化

(C)执行M01指令后,以前存在的模态信息必须重新定义

(D)执行M01指令后,以前存在的模态信息全部发生改变

101. 与程序段号的作用无关的是(　　)。

(A)加工步骤标记　(B)程序检索

(C)人工查找　(D)宏程序无条件调用

102. 在编制加工程序时,如果需要加延时的单位是秒,准备功能G04后跟着的相对应的地址是(　　)。

(A)B　(B)C　(C)S　(D)X

103. 在编制加工程序时,如果需要采用公制单位,准备功能后跟着的相对应的进给地址是(　　)。

(A)C　(B)F　(C)S　(D)X

104. 在CAD命令输入方式中,以下不可采用的方式是(　　)。

(A)点取命令图标　(B)在菜单栏点取命令

(C)用键盘直接输入　(D)利用数字键输入

105. 单步运行通过(　　)实现。

(A)M00代码　(B)M01代码

(C)G功能　(D)用机床面板上的功能键

106. 用代码(　　)表示程序零点偏置。

(A)G54　(B)G96　(C)G90　(D)G71

107. 在数控铣床编程时,所给切削进给速度默认单位为(　　)。

(A)毫米/转　(B)毫米/分　(C)毫米/齿　(D)毫米/小时

108. FANUC系统中,G68指令段中R参数表示(　　)。

(A)半径　(B)比例　(C)角度　(D)锥度

109. 在轮廓加工中,当零件轮廓有拐角时,刀具容易产生“超程”,解决的办法是在编程时,当接近拐角前适当地(　　)进给速度,过拐角后再逐渐恢复。

(A)增加　(B)降低　(C)不变　(D)任意改变

110. 数控加工中(　　)适用于高、深的三维曲面工件的粗加工。

(A)垂直插铣　(B)等高层铣　(C)平行加工　(D)仿形加工

111. 对于操作者来说,降低工件表面粗糙度值最容易采取的办法是(　　)。

(A)改变加工路线　(B)提高机床精度

(C)调整切削用量　(D)调换夹具

112. FANUC系统的固定循环指令G73 X_Y_Z_R_Q_F_中,“Q”表示(　　)。

(A)每次进给深度　(B)初始点坐标或增量

(C)每次退刀量　(D)刀具位移量

113. FANUC系统数控加工应用长度补偿功能时，当第二把刀比标准刀长30 mm，H02参数中输入正值“30”时，程序段中应用的长度补偿指令是(　　)。

(A)G41　　(B)G42　　(C)G43　　(D)G44

114. 刀具长度负补偿是(　　)指令。

(A)G43　　(B)G44　　(C)G49　　(D)G41

115. 用于机床刀具编号的指令代码是(　　)。

(A)F代码　　(B)G代码　　(C)M代码　　(D)T代码

116. 数控机床的标准坐标系是以(　　)来确定的。

(A)右手直角笛卡尔坐标系　　(B)绝对坐标系

(C)相对坐标系　　(D)左手直角笛卡尔坐标系

117. 要实现一台或多台计算机主机与多台数控机床通讯，应采用(　　)。

(A)RS232C通讯接口　　(B)计算机局域网

(C)RS422通讯接口　　(D)现场总线

118. RS232C接线时，串口1的脚2接串口2的(　　)。

(A)脚2　　(B)脚3　　(C)脚4　　(D)脚5

119. 数控机床加工调试中遇到问题想停机，应先停止(　　)。

(A)冷却液　　(B)主运动　　(C)进给运动　　(D)辅助运动

120. 数控机床操作时，每起动一次，只进给一个设定单位的控制称为(　　)。

(A)单步进给　　(B)点动进给　　(C)选择进给　　(D)选择停止

121. 在SIEMENS系统中，参数号R100～R249属于(　　)。

(A)加工循环传递参数　　(B)加工循环内部计算参数

(C)自由参数　　(D)刀具补偿参数

122. 在FANUC系统变量使用中，下列格式正确的是(　　)。

(A)0＃1　　(B)/＃2G00X100.1

(C)N＃3X200.0　　(D)＃5＝＃1－＃3

123. 数控系统所规定的最小设定单位就是(　　)。

(A)数控机床的运动精度　　(B)机床的加工精度

(C)脉冲当量　　(D)数控机床的传动精度

124. ＃1～＃33是局部变量，局部变量只在(　　)起作用。

(A)本程序内　　(B)所有程序内　　(C)本次断电前　　(D)本次关机前

125. 完成较大平面加工的铣刀是(　　)。

(A)端铣刀　　(B)三面刃铣刀　　(C)立铣刀　　(D)锯片铣刀

126. 铣削过程中的主运动是(　　)。

(A)工作台快速运行　　(B)工作台纵向进给

(C)工作台纵向进给　　(D)铣刀旋转

127. 在铣削过程中，如果采取合并工步的措施，可以减少工序时间定额，主要是减少(　　)时间。

(A)准备与终结　　(B)辅助　　(C)布置工作地　　(D)机床运转

128. 切削速度的选择主要取决于被加工工件的(　　)。

(A)尺寸 (B)外形 (C)材质 (D)冷却

129. 铣削外轮廓时,为避免切入/切出产生刀痕,最好采用( )。

(A)法向切入/切出 (B)切向切入/切出

(C)斜向切入/切出 (D)直线切入/切出

130. 周铣时,用( )方式进行铣削,铣刀的耐用度较高,获得加工面的表面粗糙度值较小。

(A)顺铣 (B)逆铣 (C)对称铣 (D)不对称铣

131. 切削用量的选择原则,在粗加工时,以( )作为主要的选择依据。

(A)加工精度 (B)提高生产率

(C)经济性和加工成本 (D)工件大小

132. 通常用球刀加工比较平滑的曲面时,表面粗糙度的质量不会很高。这是因为( )造成的。

(A)行距不够密 (B)球刀尖部的切削速度几乎为零

(C)球刀刀刃不太锋利 (D)步距太小

133. 球头铣刀的球半径可以( )所加工凸曲面的曲率半径。

(A)小于 (B)大于 (C)等于 (D)A、B、C 都可以

134. 对有岛类型腔零件进行粗加工时,( )。

(A)让刀具在内外廓中间区域中运动 (B)只加工侧面,底面不加工

(C)让刀具在底面两侧区域中运动 (D)底面和侧面不用留有均匀的余量

135. 计算几何体外轮廓节点的工作属于编制数控加工程序中的( )。

(A)分析零件图样 (B)工艺处理

(C)编写程序单 (D)数学处理

136. 一般情况下,直径( )的孔应由普通机床先粗加工,给数控铣床预留余量为 4～6 mm(直径方向),再由数控铣床加工。

(A)大于 ϕ30 mm (B)小于 ϕ15 mm

(C)小于 ϕ10 mm (D)小于 ϕ5 mm

137. 下列定位方式中,( )是生产中不允许使用的。

(A)完全定位 (B)不完全定位 (C)欠定位 (D)过定位

138. 装夹工件时应考虑( )。

(A)夹紧力不变 (B)夹紧力靠近支承点

(C)组合夹具 (D)专用夹具

139. 通常使用的标准立铣刀,不包括直径数为( )的规格。

(A)ϕ12 (B)ϕ10 (C)ϕ8 (D)ϕ7

140. 铣刀是用于铣削加工的、具有一个或多个刀齿的旋转刀具。开槽时刀具各刀齿依次( )地切去工件的余量。

(A)连续 (B)间歇 (C)脉冲 (D)快速

141. 用一把立铣刀进行开槽加工时,刀齿切入切出时的切屑厚度比在中心切削时的切削厚度要( )一些。

(A)长 (B)短 (C)厚 (D)薄

142. 用一把立铣刀进行开槽加工时,若刀具和加工零件出现共振,则会(　　)。
(A)表面变光　(B)噪声变小　(C)槽宽变化　(D)槽宽不变

143. 在一个薄壁工件上铣削多个形状、尺寸相同的封闭形键槽时,一般应采用的工艺方法是(　　)。
(A)先全部粗加工,然后精加工　(B)分别对每个键槽粗加工后马上精加工
(C)不需要划分粗、精加工　(D)随心所欲

144. 外径千分尺是测量精度等级(　　)的工件尺寸。
(A)不高于 IT10　(B)IT10～IT11　(C)不高于 IT17　(D)IT7～IT9

145. 孔的轴线的直线度属于孔的(　　)。
(A)尺寸精度　(B)形状精度　(C)位置精度　(D)配合精度

146. 用百分表测量时,测量杆应预先有(　　)压缩量。
(A)0.01～0.05 mm　(B)0.1～0.3 mm
(C)0.3～1 mm　(D)1～1.5 mm

147. 外径千分尺在使用时,操作正确的是(　　)。
(A)不允许测量带有毛刺的边缘表面　(B)退尺时要旋转测力装置
(C)旋转微分筒使测量表面与工件接触　(D)猛力转动测力装置

148. 为了使机床达到热平衡状态,必须使机床空运转(　　)以上。
(A)2 min　(B)5 min　(C)10 min　(D)15 min

149. 设备管理方法中的"五定"是指(　　)、定期、定法、定标和定人。
(A)定料　(B)定点　(C)定价　(D)定位

150. 状态检修是指在故障(　　)进行检修的方式。
(A)发生前　(B)发生时　(C)发生后　(D)发生前或发生后

151. 一些已受外部尘埃、油雾污染的电路板和接插件,(　　)采用专用电子清洁剂喷洗。
(A)总是不允许　(B)在潮湿环境下不允许
(C)允许　(D)仅在干燥环境下允许

152. 在液压系统的维护与保养时,要严格执行日常点检制度,检查系统的(　　)、噪声、振动、压力、温度等是否正常。
(A)管路尺寸　(B)精度　(C)跳动　(D)密封

153. 数控机床长期不用时要(　　),并进行机床功能试验程序的完整运行。
(A)定期通电　(B)定期检定
(C)进行日常维护　(D)定期更换碳刷

154. 正常加工过程中,如果报警信息显示为"电机过热"时,一般会判定(　　)发生异常。
(A)参数设置　(B)加工程序　(C)通讯接口　(D)机床硬件

155. 机床通电后应首先检查(　　)是否正常。
(A)加工程序　(B)工件质量
(C)开关、按钮和报警灯　(D)刀具

156. 数控机床的数控装置包括(　　)。
(A)控制介质和光电阅读机　(B)伺服电机和驱动系统
(C)速度检测装置和反馈系统　(D)信息处理、输入和输出装置

157. 数控系统的软件报警有来自NC的报警和来自(　　)的报警。

(A)可编程逻辑控制器　　(B)P/S程序错误
(C)伺服系统　　(D)主轴伺服系统

158. 故障排除后,应按(　　)消除软件报警信息显示。

(A)CAN键　　(B)RESET键
(C)MESSAGE键　　(D)DELETE键

159. 显示器无显示但机床能够动作和移动,故障原因可能是(　　)。

(A)机床未回零　　(B)机床锁住状态
(C)S倍率开关为0%　　(D)显示部分故障

160. 数控机床发生故障报警后,应采取的对策是(　　)。

(A)关闭电源重新开机　　(B)机床RESET复位
(C)保持故障现场　　(D)自行排除硬故障

161. 系统电池的更换应在(　　)状态下进行。

(A)伺服系统断电　　(B)伺服系统通电
(C)CNC系统通电　　(D)机床断电

162. 当报警信息显示为"刀具号T指令值超出允许范围"时,应对(　　)的内容进行修改。

(A)刀具补偿　　(B)加工程序　　(C)系统参数　　(D)工件坐标系

163. 用水平仪检验机床导轨的直线度时,若把水平仪放在导轨的右端,气泡向右偏2格;若把水平仪放在导轨的左端,气泡向左偏2格,则此导轨是(　　)状态。

(A)中间凸　　(B)中间凹　　(C)不凸不凹　　(D)扭曲

164. 水平仪分度值为0.02/1 000,将该水平仪置于长500 mm的平板之上,偏差格数为2格,则该平板两端的高度差为(　　)。

(A)0.08 mm　　(B)0.04 mm　　(C)0.02 mm　　(D)0.01 mm

165. 数控机床垫铁放于机床下面,支撑机床重量,具有(　　)的作用。

(A)提高机床高度　　(B)提高排屑空间
(C)提高机床刚度　　(D)减震支撑

166. 调整机床水平时,若水平仪水泡向前偏,则应(　　)。

(A)调高后面垫铁或调低前面垫铁　　(B)调高前面垫铁或调低后面垫铁
(C)调高右侧垫铁或调低左侧垫铁　　(D)调高左侧垫铁或调低右侧垫铁

三、多项选择题

1. 字体的大小以号数表示,字体的号数就是字体的高度(单位为mm),字体高度(用h表示)的公称尺寸系列包括了(　　)。

(A)1.3、1.8、2.5　　(B)3.5、5、7　　(C)10、14、20　　(D)10、15、20

2. 粗实线一般应用在(　　)。

(A)可见轮廓线　　(B)可见过渡线、齿轮的齿根线
(C)尺寸线、可见轮廓线　　(D)可见过渡线

3. 标题栏一般包含(　　)。

(A)更改区　　(B)签字区　　(C)名称区　　(D)代号区

4. 表面粗糙度 $R_a \leqslant 0.01\ \mu m$ 时，经济加工方法为(　　)。

(A)镜面磨削　(B)超精研　(C)抛光　(D)激光加工

5. 评定表面粗糙度的参数主要有高度参数(　　)以及间距参数 S、S_m。

(A)R_a　(B)R_z、R_y　(C)S　(D)S_m

6. 工具钢的分类有(　　)。

(A)碳素工具钢　(B)渗碳钢　(C)高速工具钢　(D)合金工具钢

7. 下列属于焊接用钢的是(　　)。

(A)H08　(B)H08Mn2Si　(C)Q235　(D)H1Cr18Ni9

8. 钢材在进行缺口冲击试验时，摆锤冲击消耗在试样上的能量称为冲击功，试样缺口种类有(　　)。

(A)W形　(B)V形　(C)U形　(D)D形

9. 金属的工艺性能包括(　　)和切削加工性能等。

(A)铸造性能　(B)锻造性能　(C)焊接性能　(D)热处理性能

10. 渗碳工件最终热处理步骤有(　　)。

(A)渗碳　(B)淬火　(C)高温回火　(D)低温回火

11. 灰口铸铁依据石墨的形状不同可分为(　　)。

(A)灰铸铁　(B)可锻铸铁　(C)球墨铸铁　(D)蠕墨铸铁

12. 下列属于有色金属的是(　　)。

(A)有色纯金属　(B)有色合金　(C)有色材料　(D)有色材质

13. 影响变压器吸收比的因素是(　　)。

(A)真空干燥程度　(B)线圈导线的材质

(C)引线焊接的质量　(D)零部件的清洁度

14. 变压器的吸收比用以考核产品的(　　)。

(A)空载损耗　(B)绝缘干燥度

(C)阻抗电压　(D)零部件的清洁程度

15. 变压器受潮会使(　　)。

(A)绝缘电阻下降　(B)直流电阻下降

(C)介损明显增加　(D)总损耗明显增加

16. 组合机床是由(　　)组成的。

(A)专用部件　(B)组合部件　(C)通用部件　(D)特殊零件

17. 机床的性能指标包括(　　)和表面粗糙度等。

(A)转动功能　(B)主轴材料　(C)工艺范围　(D)加工精度

18. 数控机床通常由(　　)及其他辅助系统组成。

(A)控制系统　(B)伺服系统　(C)检测系统　(D)机械传动系统

19. 数控机床的主要特点有(　　)。

(A)高柔性　(B)高精度

(C)高效率　(D)大大减轻了操作者的劳动强度

20. 数控机床为避免运动部件运动时的爬行现象，可通过减少运动部件的摩擦来实现，如采用(　　)和静压导轨等。

(A)滚珠丝杠螺母副 (B)滚动导轨 (C)滑动轴承 (D)气动轴承

21. 数控系统常用的位置检测装置有(　　)。

(A)旋转变压器 (B)感应同步器 (C)光栅尺 (D)行程开关

22. 数控机床主轴的准停装置分(　　)两种。

(A)接触式 (B)非接触式 (C)信号停止 (D)信号暂停

23. 数控机床主轴有两种新型润滑方式,即(　　)。

(A)油气润滑 (B)喷注润滑 (C)空气润滑 (D)冷却站

24. 影响刀具寿命的主要因素有:工件材料、(　　)。

(A)刀具材料 (B)刀具几何参数 (C)切削用量 (D)环境温度

25. 数控机床对刀具材料的基本要求是(　　)。

(A)高的硬度 (B)高的耐磨性

(C)高的红硬性 (D)足够的强度和韧性

26. 下列刀具材料,耐热性最高的两个是(　　)。

(A)碳素工具钢 (B)合金工具钢 (C)硬质合金 (D)高速钢

27. 硬质合金是一种(　　)、抗弯强度较高的一种刀具材料。

(A)耐磨性好 (B) 耐热性差 (C)高耐热性 (D)抗冲击

28. 数控铣床适合加工(　　)零件。

(A)平面类 (B)曲面类 (C)变斜角类 (D)回转类

29. 铰孔的加工精度很高,因此可纠正的精度有(　　)。

(A)位置精度 (B)形状精度 (C)尺寸精度 (D)同轴度

30. 数控铣床适宜加工的零件有(　　)。

(A)圆柱销 (B)螺钉

(C)平面类零件 (D)两轴半加工零件

31. 按铣削时的进给方式,可将铣床夹具分为(　　)。

(A)直线进给式 (B)圆周进给式 (C)靠模进给式 (D)组合进给式

32. 铣床夹具主要由定位装置、夹具体、连接元件、(　　)组成。

(A)液压装置 (B)对刀元件 (C)夹紧装置 (D)组合装置

33. 铣床夹具的作用有(　　)。

(A)提高零件加工效率 (B)提高产品光洁度

(C)扩大铣床工艺范围 (D)降低毛刺产生

34. 工件以平面定位,常用的定位元件有(　　)。

(A)支承钉 (B)支承板 (C)可调支承 (D)辅助支承

35. 定位元件支承钉可分为(　　)。

(A)A 型 (B)B 型 (C)C 型 (D)D 型

36. 夹紧装置的组成有(　　)。

(A)定位装置 (B)夹紧元件

(C)中间传力机构 (D)力源装置

37. 夹紧力大小要合适,既要保证工件在加工过程中(　　),又不得使工件产生变形和损伤工件表面。

(A)不移动　(B)不转动　(C)不变热　(D)不振动

38. 游标卡尺是用来测量(　　)及凹槽等相关尺寸的量具。

(A)外尺寸　(B)内尺寸　(C)盲孔　(D)斜度

39. 数显卡尺的读数机构的基本原理是(　　)。

(A)磁栅　(B)容栅　(C)光栅　(D)液压感应

40. 游标卡尺的示值误差用量块检定,对一示值检定时,量块分别放在卡尺量爪工作面的(　　)位置上进行。

(A)后端　(B)前端　(C)内端　(D)外端

41. 车间常用的指示式量具有(　　)。

(A)百分表　(B)千分表　(C)杠杆百分表　(D)内径百分表

42. 国产百分表的测量范围即测量杆的最大移动量,有(　　)两种。

(A)0～4 mm　(B)0～5 mm　(C)0～10 mm　(D)0～15 mm

43. 万能角度尺可测量的角度有(　　)。

(A)30°内角　(B)150°内角　(C)330°外角　(D)90°外角

44. 游标万能角度尺有Ⅰ型、Ⅱ型两种,可测量(　　)。

(A)0°～350°　(B)0°～320°　(C)0°～360°　(D)0°～330°

45. 数显高度尺允许接触到的物质有(　　)。

(A)酒精　(B)水　(C)防锈油　(D)清洁布

46. 数显卡尺显示组件包括外壳、液晶、(　　)。

(A)磁条　(B)主板　(C)导电条　(D)防尘帽

47. 带表卡尺的精度是(　　)。

(A)0.01 mm　(B)0.02 mm　(C)0.05 mm　(D)0.001 mm

48. 千分表的结构有(　　)。

(A)光栅　(B)主指针　(C)转数指示盘　(D)转数指针

49. 下列配件属于数显游标卡尺的是(　　)。

(A)指针表盘　(B)数字显示屏　(C)高精度齿条　(D)量爪

50. 机床润滑油脂包括(　　)。

(A)液压油　(B)液压导轨油　(C)乳化液　(D)润滑油(脂)

51. 机床的润滑包括(　　)。

(A)轴承　(B)齿轮　(C)导轨　(D)顶尖

52. 滑动轴承的润滑油具有低黏度同时需要具备良好的(　　)。

(A)抗挥发　(B)抗氧化　(C)抗磨性　(D)防锈性

53. 滚珠丝杠螺母副的润滑油为(　　)。

(A)一般机油　(B)90 号～180 号透平油

(C)140 号主轴油　(D)N15 主轴油

54. 数控机床常用的导轨有(　　)。

(A)静压导轨　(B)滑动导轨　(C)滚动导轨　(D)齿轮导轨

55. 滚动轴承在机床上,由于具有摩擦系数小并运转安静等优点,因而机床上已大量采用滚动轴承,内径 25 mm,转速超过 30 000 r/min 时,则应用(　　)。

(A)强制润滑　(B)喷雾润滑　(C)高速脂　(D)固体润滑剂

56. 为克服机床爬行现象,在改善导轨润滑方面,主要选用含防爬剂的润滑油,导轨润滑一般选用黏度为(　　)。

(A)32　(B)48　(C)68　(D)100

57. 通常合成油分为(　　)。

(A)PAO类　(B)矿物油　(C)酯类　(D)XHVI类

58. 金属切削加工中,常用的切削液可分为(　　)三大类。

(A)水溶液　(B)乳化液　(C)切削油　(D)磨削液

59. 切削液的作用有(　　)。

(A)冷却作用　(B)润滑作用　(C)清洗作用　(D)防锈作用

60. 切削液的选择一般要考虑(　　)。

(A)环境温度　(B)加工性质　(C)刀具材料　(D)工件材料

61. 切削液的使用方法有(　　)。

(A)蘸滴法　(B)浇注法　(C)倾倒法　(D)喷雾冷却法

62. 对于铜、铝及铝合金,为获得较高的表面加工质量和加工精度,切削液可采用(　　)。

(A)10%～20%的乳化液　(B)煤油

(C)磨削液　(D)柴油

63. 下列对于质量管理体系审核的理解,正确的是(　　)。

(A)审核是检查是否满足产品质量标准的过程

(B)审核是确定审核证据满足审核准则的程度的过程

(C)审核是系统地、独立地、形成文件的过程

(D)审核分为第一方审核和内部审核

64. 审核的目的是(　　)。

(A)确定受审核方管理体系或其一部分与审核准则的符合程度

(B)评价管理体系确保满足法律法规和合同要求的能力

(C)评价管理体系实现特定目标的效率

(D)识别管理体系潜在的改进方面

65. 产品实现需要一连串过程及分过程来完成,应确定(　　)。

(A)产品合同的质量目标　(B)验收、确认活动

(C)接收标准　(D)记录产品符合性的证据

66. 危险源辨识的程序应考虑(　　)。

(A)相关方的变更　(B)组织及其活动的变更

(C)材料的变更　(D)计划的变更

67. 组织用于危险源辨识和风险评价的方法应在(　　)方面进行界定。

(A)范围　(B)性质　(C)资金　(D)时机

68. 最高管理者应通过明确(　　)方式以提供有效的职业健康安全管理。

(A)作用　(B)分配职责和责任

(C)授予权力　(D)绩效考核

69. 培训程序应当考虑不同层次的(　　)和文化程度。

(A)以往经验 (B)职责 (C)能力 (D)语言技能

70. 相关方可表现为个人或团体,下列关于相关方的说法,正确的有(　　)。

(A)与组织职业健康安全绩效有关 (B)受组织职业健康安全绩效影响

(C)多为工作场所内 (D)工作场所外的一般不是

71. 职业健康安全管理体系主要用于(　　)。

(A)管理职业健康安全风险 (B)变更管理

(C)制定组织的职业健康安全方针 (D)实施组织的职业健康安全方针

72. 关于"运行控制",组织应实施并保持的内容包括(　　)。

(A)与采购的货物、设备和服务相关的控制措施

(B)与工作场所外的访问者相关的控制措施

(C)规定的运行准则

(D)变更管理

73. 管理评审的输出比上一版明确新增加了(　　)。

(A)职业健康安全绩效 (B)职业健康安全方针和目标

(C)资源 (D)其他职业健康安全管理体系要素

74. GB/T 28001—2011 中的 4.3.2 强调的是(　　)。

(A)组织应向在其控制下的其他有关的相关方工作的人员传达相关法律法规和其他要求的信息

(B)组织应使适用的法律法规的信息处于最新状态

(C)组织应向在其控制下工作的人员传达相关法律法规和其他要求的信息

(D)组织应建立文件化的程序,以识别和获取适用于本组织的法律法规

75. 生产过程包括(　　)。

(A)技术准备过程 (B)生产过程 (C)成本核算 (D)生产服务

76. 获得尺寸精度的方法有(　　)。

(A)包络法 (B)调整法 (C)定尺寸法 (D)试切法

77. 根据基础基准的应用场合和作用不同,基准可分为设计基准和工艺基准两大类。而工艺基准又可分为(　　)。

(A)工序基准 (B)定位基准 (C)测量基准 (D)装配基准

78. 刀具材料的种类很多,常用的刀具材料有(　　)。

(A)工具钢 (B)高速钢 (C)硬质合金 (D)陶瓷

79. 切削用量要素包括(　　)。

(A)切削深度 (B)转速 (C)切削速度 (D)进给量

80. 刀具的磨损有正常磨损和非正常磨损两种。其中正常磨损有(　　)三种。

(A)前刀面磨损 (B)主后刀面磨损

(C)副后刀面磨损 (D)刃倾刀面

81. 作定位元件用的 V 形架上两斜面间的夹角,一般可以选用(　　)。

(A)60° (B)90° (C)120° (D)150°

82. 工艺基准按其功用的不同,可分为(　　)三种。

(A)精加工集中基准 (B)测量基准 (C)定位基准 (D)装配基准

83. 夹具装夹方法是靠夹具将工件(　　)，以保证工件相对于刀具、机床的正确位置。

(A)定位　(B)夹紧　(C)保持水平　(D)保持垂直

84. 刀具破损即在切削刃或刀面上产生(　　)现象，属于非正常磨损。

(A)切屑瘤　(B)崩刀　(C)碎裂　(D)裂纹

85. 端铣刀的主要几何角度包括(　　)和副偏角。

(A)前角　(B)后角　(C)主倾角　(D)主偏角

86. 铣削过程中所选用的切削用量称为铣削用量，铣削用量包括(　　)。

(A)铣削宽度　(B)铣削深度　(C)铣削速度　(D)进给量

87. FANUC 系统中，下列命令是固定循环命令的是(　　)。

(A)G71　(B)G84　(C)G81　(D)G83

88. FANUC 系统中，下列指令是模态指令的是(　　)。

(A)G91　(B)G81　(C)G02　(D)G04

89. FANUC 系统中，下列指令是零点偏置指令的是(　　)。

(A)G55　(B)G57　(C)G54　(D)G53

90. FANUC 系统中，取消刀具补偿的指令是(　　)。

(A)G40　(B)G80　(C)G50　(D)G49

91. 对主轴运动进行控制的指令是(　　)。

(A)M06　(B)M05　(C)M04　(D)M03

92. 下列说法不正确的是(　　)。

(A)执行 M01 指令后，所有存在的模态信息保持不变

(B)执行 M01 指令后，所有存在的模态信息可能发生变化

(C)执行 M01 指令后，以前存在的模态信息必须重新定义

(D)执行 M01 指令后，所有存在的模态信息肯定发生变化

93. 与程序段号的作用有关的是(　　)。

(A)加工步骤标记　(B)程序检索

(C)人工查找　(D)宏程序无条件调用

94. 圆弧插补编程时，半径的取值与(　　)无关。

(A)圆弧的相位　(B)圆弧的角度　(C)圆弧的方向　(D)圆弧半径

95. 可用作插补的准备功能代码是(　　)。

(A)G01　(B)G03　(C)G02　(D)G04

96. 数字增量圆弧插补法不是用(　　)逼近被插补的曲线。

(A)切线　(B)弦线　(C)圆弧　(D)双曲线

97. 程序加工完成后，程序复位，光标不能自动回到起始位置的指令是(　　)。

(A)M00　(B)M01　(C)M30　(D)M02

98. 下列几个坐标系指令，通过刀具的当前位置设定后，在开始运行程序加工工件前，必须先使机床回参考点的坐标指令是(　　)。

(A)G53　(B)G92　(C)G55　(D)G54

99. 关于指令 G53，下列说法正确的有(　　)。

(A)G53 指令后的 X、Y、Z 的值为机床坐标系的坐标值

(B)G53 指令后的 X、Y、Z 的值都为负值

(C)G53 指令后的 X、Y、Z 的值可用绝对方式和增量方式来指定

(D)使用 G53 指令前机床必须先回过一次参考点

100. 编程时使用刀具补偿的优点有(　　)。

(A)便于测量　　(B)编制程序简单

(C)便于修正尺寸　　(D)计算方便

101. 下列适合加工中心加工的零件为(　　)。

(A)周期性重复投产的零件　　(B)装夹困难零件

(C)形状复杂零件　　(D)多工位和工序可集中的工件

102. 下列关于半径补偿的说法,正确的是(　　)。

(A)使用半径补偿时必须先指定工作平面

(B)刀具半径补偿必须在程序结束前取消,否则刀具中心将不能回到程序原点

(C)半径补偿取消时,不需要配合移动指令

(D)加工半径小于刀具半径的内圆弧时将产生过切

103. 出现下列情况时,操作者需要进行返回机床参考点操作的是(　　)

(A)开始工作之前机床电源接通　　(B)停电后再次接通数控系统电源

(C)解除急停信号后恢复工作　　(D)换加工另一种类工件

104. 准备功能一般由 G 和(　　)位数字组成。

(A)1　　(B)2　　(C)3　　(D)4

105. 数控加工编程前要对零件的几何特征如(　　)等轮廓要素进行分析。

(A)平面　　(B)直线　　(C)轴线　　(D)曲线

106. 编制加工程序时往往需要合适的刀具起始点,刀具起始点就是(　　)。

(A)程序的起始点　　(B)换刀点　　(C)编程原点　　(D)机床原点

107. 下列指令没有刀具补偿功能的是(　　)。

(A)G42　　(B)G54　　(C)G74　　(D)G94

108. 与切削液有关的指令是(　　)。

(A)M04　　(B)M05　　(C)M09　　(D)M08

109. 根据现有条件和加工精度要求选择对刀方法,可采用(　　)。

(A)试切法　　(B)寻边器对刀

(C)机内对刀仪对刀　　(D)自动对刀

110. 寻边器主要用于确定工件坐标系原点在机床坐标系中的(　　)值,也可以测量工件的简单尺寸。

(A)*X*　　(B)*Y*　　(C)*Z*　　(D)*T*

111. 刀具长度补偿指令为(　　)。

(A)G41　　(B)G42　　(C)G43　　(D)G44

112. 刀具长度补偿量和刀具半径补偿量由程序中的(　　)代码指定。

(A)H　　(B)T　　(C)G　　(D)D

113. 空运行只能检验加工程序的路线,不能直观地看出零件的(　　)。

(A)精度　　(B)工件几何形状　　(C)粗糙度　　(D)程序指令错误

114. 为了检验输入好的加工程序，一般有( )等几种方法。

(A)空运行 (B)图形模拟 (C)试切加工 (D)选择停止

115. 新程序第一次加工时可以使用( )功能，检验程序中的指令是否错误。

(A)选择停止 (B)机械锁定 (C)超程试验 (D)空运行

116. 数控加工编程的主要内容有分析零件图、确定工艺过程及工艺路线、计算刀具轨迹的坐标值、( )等。

(A)编写加工程序 (B)程序输入数控系统

(C)程序校验 (D)首件试切

117. 按参数的表示形式来划分，数控机床的参数可分为( )。

(A)状态型参数 (B)比率型参数 (C)动态值参数 (D)真实值参数

118. 按参数本身的性质来划分，数控机床的参数可分为( )。

(A)普通型参数 (B)中级型参数 (C)高级型参数 (D)秘密级参数

119. 数控参数是数控系统所用软件的外在装置，它决定了( )。

(A)机床的价格 (B)机床的功能

(C)机床的控制精度 (D)机床的设计合理性

120. 数控编程中的变量按作用域可分为( )。

(A)局部变量 (B)全局变量 (C)系统变量 (D)自变量

121. 带有中心孔的平底头型立铣刀可用于( )，但不能纵向切入加工。

(A)槽加工 (B)侧面加工 (C) 台阶面加工 (D)钻孔加工

122. 在铣削难加工材料时，铣削温度一般都比较高，主要原因有( )。

(A)热强度的特殊现象 (B)铣削力大

(C)切屑变形 (D)导热系数低

123. 相对于工件的进给方向和铣刀的旋转方向不同，铣削方式有( )两种。

(A)端铣 (B)周铣 (C)顺铣 (D)逆铣

124. 加工过程中出现刀具振动时，应考虑( )。

(A)降低切削速度 (B)增大切削速度

(C)降低进给速度 (D)增大进给速度

125. 在轮廓铣削加工中可以利用同一加工程序，只需对刀具半径补偿量作相应的设置就可以进行零件的( )。

(A)粗加工 (B)半精加工 (C)精加工 (D)超精密加工

126. 铣削外轮廓时，为避免切入/切出产生刀痕，最好采用( )。

(A)法向切入 (B)法向切出 (C)切向切入 (D)切向切出

127. 能够铣削空间曲面轮廓的加工方法有( )。

(A)两轴加工 (B)两轴半加工 (C)三轴加工 (D)四轴加工

128. 精加工时，应选择较小的( )，较大的切削速度。

(A)主轴转速 (B)切削深度 (C)进给量 (D)加工空间

129. 在机械加工中常会遇到各种空间曲面类零件，如( )等。

(A)模具 (B)平铁 (C)圆轴 (D)螺旋桨叶片

130. 空间曲面多采用( )进行加工。

(A)线切割机床　(B)数控加工中心　(C)数控车床　(D)数控铣床

131. 下列属于编制数控加工程序内容的有(　　)。

(A)分析零件图样　(B)工艺处理

(C)编写程序单　(D)数学处理

132. 扩孔钻的结构与麻花钻相比,其特点是(　　)。

(A)刚性较好　(B)刚性较差　(C)导向性好　(D)导向性差

133. 45 号钢实体材料上加工 ϕ40H10 的孔,不宜采用的加工方案是(　　)。

(A)钻孔　(B)钻、铰　(C)钻、扩　(D)钻、扩、拉

134. 镗孔分为镗通孔和镗不通孔,镗通孔分为(　　),只是进刀和退刀方向相反。

(A)预粗镗　(B)粗镗　(C)半精镗　(D)精镗

135. 孔切削加工一般分为钻孔、扩孔、(　　)。

(A)锻孔　(B)铰孔　(C)冲孔　(D)镗孔

136. 三面刃铣刀常用于加工各种(　　),其两侧面和圆周上均有刀齿。

(A)沟槽　(B)轮廓面　(C)台阶面　(D)曲面

137. 用轨迹法切削槽类零件时,与精加工余量无关的因素有(　　)。

(A)半精加工刀具尺寸　(B)半精加工刀具材料

(C)精加工量具尺寸　(D)精加工刀具密度

138. 键槽铣刀可以进行(　　)加工。

(A)钻削　(B)半月键槽　(C)锪孔　(D)平键槽

139. 不能用于 T 形槽底槽加工的刀具是(　　)。

(A)圆柱铣刀　(B)面铣刀　(C)T 形槽铣刀　(D)键槽铣刀

140. 杠杆千分尺既可以进行相对测量,也可以像千分尺那样用作绝对测量。其分度值有(　　)两种。

(A)0.001 mm　(B)0.002 mm　(C)0.010 mm　(D)0.020 mm

141. 我国法定计量单位中,几何量中长度的基本单位为米,机械制造精密和超精密测量中常用的长度单位有(　　)。

(A)分米　(B)毫米　(C)微米　(D)纳米

142. 能获得被测工件具体尺寸数值的计量器具是(　　)。

(A)游标卡尺　(B)检测样板　(C)极限量规　(D)外径千分尺

143. 搬动高度游标卡尺时,不应握持(　　)。

(A)量爪　(B)游标　(C)主尺　(D)底座

144. 操作人员应了解机床设备的基本结构和基本原理,如(　　)等各部分的位置及规定的使用环境。

(A)机械传动装置　(B)数控装置

(C)液压气动装置　(D)电气箱

145. 操作人员日常保养的检查项目有(　　)。

(A)机床水平　(B)气源压力　(C)主轴内锥孔　(D)润滑油油标

146. 数控铣床上常用的润滑方式有(　　)两种。

(A)油脂润滑　(B)油溅润滑　(C)油液润滑　(D)油基润滑

147. 在数控铣床操作前，应认真确认(　　)是否充足。
(A)主轴润滑油　(B)导轨润滑油　(C)齿形带润滑油　(D)电机润滑油
148. 数控铣床操作人员应熟悉机床的数控、(　　)等部分的功能和工作环境。
(A)排放　(B)机械　(C)液压　(D)气动
149. 检定修制提出设备的"四保持"是(　　)、保持设备的性能和精度、保持设备的自动化程度。
(A)保持设备的外观整洁　(B)保持设备的原始记录
(C)保持设备的技术特点　(D)保持设备的结构完整
150. 一般数控机床的气源装置的气动元件包括(　　)。
(A)速度调节器　(B)温度调节器　(C)压力调节器　(D)空气过滤器
151. 在数控铣床进给系统的机械传动结构中，(　　)属于导向机构。
(A)滚珠丝杠　(B)轴承　(C)齿轮　(D)导轨
152. 数控铣床的系统软件报警有来自(　　)两方面的报警。
(A)PLC　(B)ATC　(C)NC　(D)FMS
153. 数控铣床不能移动的原因可能是机床处于(　　)。
(A)报警状态　(B)急停状态　(C)锁住状态　(D)空运行状态
154. 机床发生超程报警可能存在的原因是(　　)。
(A)刀具参数错误　(B)程序坐标值错误
(C)工件坐标系错误　(D)转速设置错误
155. 系统正在执行当前程序段 N 时，预读处理了 $N+1$、$N+2$、$N+3$ 程序段，现发生程序段格式出错报警，这时应重点检查(　　)。
(A)当前程序段 N　(B)程序段 $N+1$
(C)程序段 $N+2$　(D)程序段 $N+3$
156. 数控机床 CNC 自诊断功能具备检测(　　)的功能。
(A)加工程序数据错误　(B)刀具补偿数据错误
(C)机床故障　(D)加工程序语法错误
157. 机床行程极限可以通过(　　)设置。
(A)机床限位开关　(B)机床参数
(C)M 代码　(D)G 代码
158. 在大部分机床故障出现时，自动诊断程序将通过(　　)显示报警内容和报警序号。
(A)开关　(B)报警指示灯　(C)显示屏　(D)按键
159. 按水准器的固定方式不同，水平仪可分为(　　)。
(A)可调式水平仪　(B)不可调式水平仪
(C)气泡水平仪　(D)框式水平仪
160. 调整机床时，常用气泡水平仪的灵敏度规格有(　　)。
(A)0.002 mm/m　(B)0.01 mm/m
(C)0.02 mm/m　(D)0.2 mm/m
161. 电子水平仪的主要原理有(　　)两种。
(A)电阻式　(B)电感式　(C)光电式　(D)电容式

162. 使用水平仪调整机床时,要保证(　　)的清洁,以防止脏物影响测量的准确性。

(A)水平仪工作面　　(B)工件表面

(C)夹具定位表面　　(D)机床测量表面

163. 常用数控机床垫铁类型有(　　)。

(A)调整垫铁　　(B)浮动垫铁　　(C)减震垫铁　　(D)液压垫铁

四、判 断 题

1. 图样中书写的汉字、数字、字母必须做到:字体端正、笔画清楚、排列整齐、间隔均匀。(　　)

2. 当不同图线互相重叠时,应按粗实线、细虚线、细点画线的先后顺序只绘制前面一种图线。(　　)

3. 标题栏中的明细表包含内容有序号、代号、名称、材料、数量、备注。(　　)

4. 轴类零件的直径用 $S\phi$ 表示。(　　)

5. 符号 $\sqrt{^{R_{zmax}\,0.2}}$ 表示的含义为轮廓最大高度的最大值为 0.2 μm。(　　)

6. 局部视图中,用波浪线表示某局部结构与其他部分断开。(　　)

7. 钢按成型方法分类可分为锻钢、铸钢、热轧钢、冷拉钢。(　　)

8. Y30 钢为平均碳含量为 0.03%的易切削钢。(　　)

9. Q235 低碳钢试件为塑性材料,其 σ-ε 曲线包含四个阶段,即弹性阶段、屈服阶段、强化阶段及颈缩阶段。(　　)

10. 为了消除中碳钢焊接件的焊接应力,一般要进行完全退火。(　　)

11. 加热是钢进行热处理的第一步,其目的是使钢获得奥氏体组织。(　　)

12. 在生产中,习惯把淬火和高温回火相结合的热处理方法称为调质处理。(　　)

13. 淬硬性好的钢具有高的合金元素含量。(　　)

14. 轴承合金用于生产滚珠轴承。(　　)

15. 直流电的简写为 DV。(　　)

16. 1 μV 等于 10^3 mV。(　　)

17. 功率的单位为 W,1 W 等于 10^{-3} mW。(　　)

18. 变压器按用途分类,有电力变压器、互感器、特种变压器等。(　　)

19. 热继电器不能用于短路保护。(　　)

20. 低压刀开关的主要作用是检修时实现电气设备与电源的隔离。(　　)

21. 倾斜法铣凸轮主要是解决导程是大质数或带小数值的圆盘凸轮。(　　)

22. 数控机床伺服系统将数控装置的脉冲信号转换成机床移动部件的运动。(　　)

23. 数控机床所加工的轮廓,只与所采用程序有关,而与所选用的刀具无关。(　　)

24. 数控机床为避免运动部件运动时的爬行现象,可通过减少运动部件的摩擦来实现,如采用滚珠丝杠螺母副、滚动导轨和静压导轨等。(　　)

25. 机床油压系统过高或过低可能是油压系统泄露所造成的。(　　)

26. 机床主轴润滑系统中的空气过滤器每年检查即可。(　　)

27. 制造较高精度、切削刃形状不是十分复杂并用于切削钢材的刀具,其材料可选用硬质

合金。（ ）

28. 刀具材料中，制造各种结构复杂的刀具应选用高速工具钢。（ ）

29. 键槽铣刀不适宜做轴向进给。（ ）

30. 用于制造低速、手动工具，如锉刀、手用锯条等，应选用的刀具材料为高速工具钢。（ ）

31. 用立铣刀切削平面零件外部轮廓时，铣刀半径应大于零件外部轮廓的最小曲率半径。（ ）

32. 镗刀可以做大量的径向加工切削。（ ）

33. 三面刃铣刀有三个切削刃同时参加切削，排屑条件好，因此齿数较多。（ ）

34. 滚丝时两个滚丝轮螺纹旋向与工件螺纹旋向相同。（ ）

35. 用端铣刀铣平面时，铣刀刀齿参差不齐对铣出平面的平面度好坏没有影响。（ ）

36. 一般铣削工件，欲得良好的精加工面，可选用带有修光效果的刀具。（ ）

37. 刀具前角越大，切屑越不易流出，切削力越大，但刀具的强度越高。（ ）

38. 主偏角增大，刀具刀尖部分强度与散热条件变差。（ ）

39. 为满足精加工质量，精磨的余量为 2 mm。（ ）

40. V 形架用于工件外圆定位，其中长 V 形架限制 8 个自由度。（ ）

41. 铰孔的切削速度与钻孔的切削速度相等。（ ）

42. 加工平面任意直线应用直线控制数控机床。（ ）

43. 刀具直径为 8 mm 的高速钢立铣刀铣削铸铁件时，主轴转速为 1 100 r/min，切削速度为 27.6 mm/min。（ ）

44. 在用千分尺测量时，应仔细校正零位，以消除测量工具的读数误差。（ ）

45. 对于位置精度要求较高的工件，不宜采用组合夹具。（ ）

46. 工件应在夹紧后定位。（ ）

47. 装卡工件时应考虑夹紧力靠近支撑点。（ ）

48. 偏心夹紧机构的夹紧动作比螺旋夹紧机构慢。（ ）

49. 阿贝原理是长度测量中的一个基本原则。这个原理是：在长度测量中，被测量轴线应与基准线重合或在其延长线上，则测量准确，反之则测量不准确。（ ）

50. 使用外径千分尺时，一般用手握紧尺架，就不会使千分尺和工件温度不一致而增加测量误差。（ ）

51. 读数时，应把游标卡尺水平地拿着朝亮光的方向，使视线尽可能地和表盘垂直，以免由于视线歪斜而引起读数误差。（ ）

52. 测量前对好“0”位，正确的零位是：当千分尺两测量面接触时，微分筒棱边接触固定套管零刻线，固定套管上的零位对准微分筒上零刻线。（ ）

53. 外径千分尺的测量力为 5～10 N，由测力装置决定，使用时最多转动三圈即可。（ ）

54. 千分尺的工作原理可以把它看成一对螺母和螺杠的结合，螺杆相对螺母旋转时，将角位移转变为直线位移。（ ）

55. 目前所有的成品润滑油都是由基础油和添加剂组成，其中基础油占百分之七十多至将近百分之百，添加剂占百万分之几至百分之三四十。（ ）

56. 一般中小规格的数控机床的主轴部件多采用成组的高精度滚动轴承；重型数控机床

采用液体静压轴承;高精度数控机床采用气体静压轴承。( )

57. 黏度变化越小的,黏度指数越小,黏温性能越好。( )

58. 加工塑性材料时通常加切削液,加工脆性材料时一般不加切削液,加工易燃材料时不加切削液,只能采用空冷。( )

59. 组织进行危险源辨识和风险评价时应考虑人的行为、能力和其他人为因素。( )

60. CO_2 的毒性在于它能与血红蛋白结合,降低血液的输氧功能而引起窒息。( )

61. 在有可追溯性要求时,公司应控制和记录产品的唯一性标识。( )

62. 质量管理体系所需的过程包括管理、资源和产品实现。( )

63. 质量方针和质量目标必须纳入组织编制的质量手册。( )

64. 对不合格品进行识别和控制以防止使用或交付不合格品。( )

65. 基准可以分为设计基准与工序基准两大类。( )

66. 夹紧力的方向应尽可能与切削力、工件重力平行。( )

67. 组合夹具是一种标准化、系列化、通用化程度较高的工艺装备。( )

68. 工件在夹具中定位时,应使工件的定位表面与夹具的定位元件相贴合,从而消除自由度。( )

69. 刀具主切削刃上磨出分屑槽的目的是改善切削条件,提高刀具寿命,可以增加切削用量,提高生产效率。( )

70. 当粗加工、强力切削或承冲击载荷时,要使刀具寿命延长,必须减少刀具摩擦,所以后角应取大些。( )

71. 切屑在形成过程中往往塑性和韧性提高,脆性降低,使断屑形成了内在的有利条件。( )

72. 当机件仅用一个基本视图就能将其表达清楚时,这个基本视图为左视图。( )

73. 同一零件在各剖视图中的剖面线方向和间隔应一致。( )

74. 采用手动夹紧装置时,夹紧机构必须具有自锁性。( )

75. 采用削边销而不采用普通销定位主要是为了避免欠定位。( )

76. 用来确定夹具与铣床之间位置的定位键不是铣床夹具的导向装置。( )

77. 一般都是直接用设计基准作为测量基准,因此应尽量用设计基准作为定位基准。( )

78. 选用硬质合金刀具时,其前角应比高速钢刀具的前角小。( )

79. 高速钢刀具用于承受冲击力较大的场合,常用于高速切削。( )

80. 通常用球刀加工比较平滑的曲面时,表面粗糙度的质量不会很高,这是因为球刀尖部的切削速度几乎为零造成的。( )

81. 数控机床加工时选择刀具的切削角度与普通机床加工时是不同的。( )

82. 圆弧插补用 I、J 来指定圆时,I、J 取值取决于输入方式是绝对还是增量方式。( )

83. G92 通过刀具的当前位置设定时,机床移动部件不产生运动。( )

84. 指令 G71、G72 的选择主要看工件的长径比,长径比小时要用 G71。( )

85. 用直线段或圆弧段去逼近非圆曲线,逼近线段与被加工曲线的交点称为基点。( )

86. 螺纹切削指令 G32 中的 R、E 是指螺纹切削的退尾量,一般是以增量方式指定。( )

87. 固定孔加工循环中,在增量方式下定义 R 平面,其值是指 R 平面到孔底的增量值。( )

88. G96 S300 表示消除恒线速,机床的主轴每分钟旋转 300 转。( )

89. 钻孔固定循环指令是 G98,固定循环取消指令是 G99。( )

90. 一个完整的零件加工程序由若干程序段组成,一个程序段由若干代码字组成。( )

91. G68 可以在多个平面内做旋转运动。( )

92. M02 是程序加工完成后,程序复位,光标能自动回到起始位置的指令。( )

93. 孔加工自动循环中,G98 指令的含义是使刀具返回初始平面。( )

94. 孔加工自动循环中,G99 指令的含义是使刀具返回参考平面。( )

95. 固定循环功能中的信息字 K 是指重复加工次数,一般在增量方式下使用。( )

96. G97 S1500 表示取消恒线速,机床的主轴每分钟旋转 3 000 转。( )

97. 数控机床坐标系中一般用 Z 坐标表示数控机床的主轴坐标。( )

98. 钻孔固定循环指令是 G80,固定循环取消指令是 G81。( )

99. G19 用来指定刀具运动平面为 XZ 平面。( )

100. 在 G55 中设置的数值是机床坐标系的原点。( )

101. 在 G56 中设置的数值是工件坐标系的原点相对于机床坐标系原点的偏移值。( )

102. 根据 ISO 标准,在编程时采用刀具相对静止而工件运动规则。( )

103. FANUC 数控系统中,M98 的含义是宏指令调用。( )

104. 数控铣床编程中,零件尺寸公差会影响铣刀的刀位点。( )

105. 程序原点又称为起刀点。( )

106. 数控加工程序中,每个程序段必须编有程序段号。( )

107. 程序段号数字必须是整数。( )

108. FANUC 系统操作面板上,EOB 代表输入意思。( )

109. FANUC 系统操作面板上,DELETE 代表删除意思。( )

110. G01、G02、G03 是同一组的模态指令。( )

111. Z 轴坐标正方向规定为远离工件的方向。( )

112. 顺序号的数字必须连续或必须等距连续。( )

113. 圆弧插补中,对于整圆,其起点和终点相重合,用 R 编程无法定义,所以只能用圆心坐标编程。( )

114. 数控机床在输入程序时,不论何种系统坐标值,不论是整数或小数,都不必加入小数点。( )

115. 刀具半径补偿是一种平面补偿,而不是轴的补偿。( )

116. 刀具补偿寄存器内可以存入正值也可以存入负值。( )

117. 数控铣床编程有绝对值和增量值编程,使用时不能将它们放在同一程序段中。( )

118. 为了提高加工效率,首件加工时可以不用做程序验证。( )

119. 在首件试切加工时应尽量提高进给速度来提高加工效率。( )

120. 经试加工验证的数控加工程序就能保证零件加工合格。( )

121. 数控系统的参数是依靠电池维持的,一旦电池电压出现报警,就必须立即关机,更换电池。( )

122. 数控系统的参数的作用只是简化程序。( )

123. FANUC 系统必须在 MDI 状态下才可以修改系统参数。( )

124. 数控系统参数对数控机床非常重要,不可以随意更改。( )

125. 图形模拟不但能检查刀具运动轨迹是否正确，还能查出被加工零件的精度。(　　)

126. 铣削用量选择的次序是：铣削速度，每齿进给量，铣削层宽度，最后是铣削层深度。(　　)

127. 铣刀可以用于在铣床上加工平面、台阶、沟槽、成型表面和切断工件等。(　　)

128. 细齿铣刀适用于精加工。(　　)

129. 逆铣时，铣刀的旋转方向和切削的进给方向是相同的。(　　)

130. 数控机床上工件坐标系的零点可以随意设定。(　　)

131. 圆弧插补用半径编程时，当圆弧所对应的圆心角大于 180°时半径取负值。(　　)

132. 平面轮廓铣削时，轮廓轨迹的控制是采用插补方式。(　　)

133. 在轮廓铣削加工中，若采用刀具半径补偿指令编程，刀补的建立与取消应在轮廓上进行，这样的程序才能保证零件的加工精度。(　　)

134. 由于采用顺铣方式，工件加工表面质量较好，刀齿磨损小，因此一般情况下尽可能采用顺铣。(　　)

135. 模具铣刀由圆柱铣刀发展而成。(　　)

136. 加工曲面类零件一般选用数控铣床。(　　)

137. 球头刀加工时尽可能用圆弧侧刃铣削，尽量避免铣削平坦表面。(　　)

138. 行切法精加工曲面时，行距主要根据刀具的强度来选择。(　　)

139. 一般粗齿立铣刀适于粗加工，细齿立铣刀适于精加工。(　　)

140. 数控加工中心的钻孔固定循环功能适用于孔系加工。(　　)

141. 45 号钢实体材料上加工 ϕ40H10 的孔，宜采用的加工方案是钻孔、扩孔、铰孔。(　　)

142. 扩孔加工余量一般为 0.2 mm 左右。(　　)

143. 加工直径、螺距小的内螺纹，为提高生产效率，常采用攻丝方式。(　　)

144. 键槽铣刀上有通过中心的端齿，所以可轴向进给。(　　)

145. 采用键槽铣刀加工键槽时，先轴向进给铣出键槽两端槽深，然后沿键槽方向铣出键槽中间部位。(　　)

146. V 形架常用于轴类零件铣键槽的外圆定位，其中短 V 形架限制 4 个自由度。(　　)

147. 槽铣刀的主要用途是铣削各种槽。(　　)

148. 依据指针变动值的大小，可以用千分表测量表面粗糙度。(　　)

149. 常用 0～125 mm 游标卡尺的游标读数值为 0.002 mm。(　　)

150. 外径千分尺的分度值为 0.01 mm。(　　)

151. 用杠杆千分尺可以测量出工件的圆度和平行度。(　　)

152. 数控铣床的日常维护与保养，一般情况下是由设备维修人员来进行的。(　　)

153. 数控铣床每日加工结束后，操作者应清除切屑，保证工作台面、外露的电气元件及限位开关的清洁。(　　)

154. 每日加工结束后，操作者在数控铣床关机前应将机床各坐标轴返回机床原点。(　　)

155. 数控铣床开机后，操作者在确认机床无异常后，先空运转待润滑情况及各部位正常后方可工作。(　　)

156. 通常数控系统允许的电网电压波动范围为额定值的±20%。(　　)

157. 数控系统定期更换存储器用电池时，一定要在数控系统断电状态下进行。(　　)

158. 操作者应严格执行日常点检制度，检查系统的泄漏、噪声、振动、压力等是否正常，将

故障排除在萌芽状态。（ ）

159. 在每日检查时液压系统的油标应在两条红线之下。（ ）

160. 机床的二级保养是以操作工人为主，维修人员配合进行的。（ ）

161. 夏天为了使数控系统能长期工作，应该采取打开数控柜门的方法来散热。（ ）

162. 只要数控系统不断电，其在线诊断功能就一直进行而不停止。（ ）

163. 光栅尺是属于旋转型检测元件。（ ）

164. 脉冲编码器是一种光学式位置检测元件，编码盘直接装在电机的旋转轴上，以测出轴的旋转角度位置和速度变化，其输出信号为电脉冲。（ ）

165. 数控铣床超程报警解除后，应重新进行手动返回参考点操作。（ ）

166. 数控机床的CNC装置具有自诊断功能，虽然可以显示报警和错误信息，但不能显示机床监控数据。（ ）

167. 分度值为0.02 mm/m的水平仪，当气泡偏移零位两格时，表示被测物体在1 m内的长度上高度差为0.02 mm。（ ）

168. 水平仪可以用来测量导轨的直线度。（ ）

169. 调整整体导轨的水平，是将水平仪置于导轨的中间和两端位置上，使水平仪的气泡在各个部位都能保持在刻度范围内。（ ）

170. 水平仪分度值为0.02/1 000，将该水平仪置于长200 mm的平板之上，偏差格数为3格，则该平板两端的高度差为0.024 mm。（ ）

171. 调整机床水平时，应在地脚螺栓完全固定状态下找平。（ ）

五、简 答 题

1. 什么是刀具磨钝标准？刀具耐用度是如何定义的？
2. 在铣削加工中，确定程序起点应考虑哪些因素？
3. 夹紧装置应具备的基本要求是什么？
4. 什么是表面加工硬化？如何减小加工硬化程度？
5. 简述改善加工表面粗糙度的措施。
6. 材料的切削加工性能指标有哪些？
7. 滚珠丝杠副进行预紧的目的是什么？常见的预紧方法有哪几种？
8. 数控铣床的三轴联动和两轴半联动是两个什么样的概念？它们在加工应用上有什么差别？
9. 什么是对刀？常用对刀方法有哪些？
10. 一个完整尺寸包含哪些要素？
11. 选择粗基准的原则是什么？
12. 什么是定位基准？有几种？
13. 按夹具的通用特性分类可以分为哪几类？
14. 什么叫重复定位？
15. 采用夹具装夹工件有何优点？
16. 确定夹力方向应遵循哪些原则？
17. 带状切屑产生的条件有哪些？

18. 数控机床加工程序的编制步骤有哪些？
19. 确定对刀点时应考虑哪些因素？
20. 数控铣削适用于哪些加工场合？
21. 用G50程序段设置的加工坐标系原点在机床坐标系中的位置是否不变？
22. 在FUNUC-OMC系统中，G53与G54～G59的含义是什么？
23. 说明FMC、FMS、CIMS的含义。
24. 简述手工编程的步骤。
25. 数控铣床加工中，刀具半径补偿用什么指令实现？各有什么作用？
26. 刀具长度补偿包括哪些内容？分别用什么指令实现？
27. 列举几种目前流行的自动编程软件。
28. 刀具半径补偿的作用是什么？
29. 刀具长度补偿的作用是什么？
30. 简述对刀点的选择原则。
31. M00、M01、M02和M30的功能如何区别？
32. 数控机床的坐标系可分为哪几个？请简述各坐标系的特点。
33. 绝对坐标与增量坐标的含义是什么？
34. 数控机床的模态与非模态指令的区别是什么？
35. 简述数控铣床的应用范围。
36. 采用圆柱形铣刀对铸锻件表面粗加工时，一般为什么不采用顺铣切削方式？
37. 平面精削时，为什么端铣用面铣刀的刀心轨迹不能与工件边缘线重合？
38. 简述铣削用量的内容。
39. 分析平面铣削加工的内容时，应考虑哪些要求？
40. 对面积不太大的平面，一般选用直径多大的面铣刀实现单次平面铣削？
41. 选择精基准有哪些基本原则？
42. 简述在轮廓加工中应避免进给停顿的原因。
43. 简述加工前分析零件图样的主要内容。
44. 简述加工前确定加工工艺的主要内容。
45. 简述程序校验的主要方式和内容。
46. 简述轮廓铣削时刀具补偿的建立过程。
47. 在轮廓加工中，为更多的去除余量，如何选择刀具半径？
48. 在轮廓加工中如何确定立铣刀的切削深度？
49. 铣槽中如何确定立铣刀侧进刀的进给速度？
50. 简述主轴转速对硬质合金立铣刀的影响。
51. 简述立铣刀长度对加工的影响。
52. 钻孔时，钻头直径太小或直径太大容易产生什么问题？
53. 钻小直径孔或深孔时，应注意哪些事项？
54. 与麻花钻相比，扩孔钻有哪些特点？
55. 铰孔时铰刀能否倒转？
56. 与直槽丝锥相比，螺旋槽丝锥适合哪些加工场合？

57. 镗孔工艺适合加工哪些孔？
58. 常用于铣床加工槽的铣刀有哪几种？
59. 简述采用立铣刀铣削开口槽的一般工步步骤。
60. 键槽铣刀和立铣刀有什么主要区别？
61. 简述轨迹法切削槽类零件的方法。
62. 简述轨迹法切削槽类零件的特点。
63. 简述用 V 形垫铁装夹工件铣削轴上键槽的特点。
64. 如何判别游标卡尺正负零误差？
65. 如何判断深度游标卡尺的游标上哪条刻度线与尺身刻度线对准？
66. 简述百分表的读数方法。
67. 简述采用比较法检测工件表面粗糙度的方法。
68. 简述量块的用途。
69. 简述游标卡尺读数的三个步骤。

六、综 合 题

1. 什么是生产过程和工艺过程？
2. 论述分析零件技术要求时需要考虑的因素。
3. 补齐图 1 中视图各线。

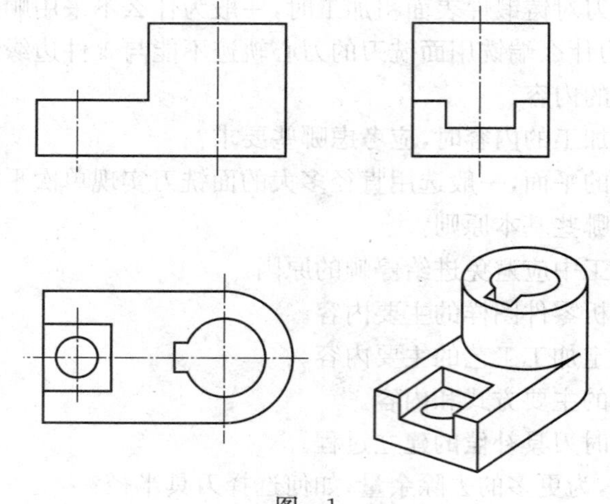

图 1

4. 什么是刀具的半径补偿和刀具长度补偿？
5. 应用可转位硬质合金铣刀片有哪些优点？
6. 用圆柱铣刀加工平面，顺铣与逆铣有什么区别？
7. 铣刀安装时应注意哪些问题？
8. 确定铣刀进给路线时，应考虑哪些问题？
9. 刀具切削部分的材料包括哪些？
10. 数控机床的机床坐标系与工件坐标系的含义是什么？
11. 什么叫插补？目前应用较多的插补算法有哪些？

12. 解释子程序和用户宏程序之间的区别。
13. 数控机床加工程序的编制方法有哪些？它们分别有哪些特点？
14. 确定走刀路线时应考虑哪些问题？
15. 论述逐点比较法插补的四个节拍。
16. 论述机床原点、编程原点和参考原点的概念和各自的作用。
17. 论述刀具半径补偿用法。
18. 论述刀具长度补偿用法。
19. 论述工件坐标系与机床坐标系之间的关系。
20. 论述在数控铣床上用 G92 指令对刀操作的步骤和方法。
21. 论述在数控铣床上用 G54～G59 指令对刀操作的步骤和方法。
22. 与周铣相比，采用端铣刀铣平面时有哪些特点？
23. 采用圆柱形铣刀进行圆周铣削平面时，逆铣方式有哪些特点？
24. 论述粗加工和精加工铣削用量选择的原则。
25. 论述轮廓铣削加工的内容和要求。
26. 论述周铣轮廓的特点。
27. 论述立铣刀加工振动与切削用量的关系。
28. 论述采用轮廓分层铣削的理由。
29. 论述麻花钻的结构特点及对切削加工的影响。
30. 铰刀铰孔时如何提高表面粗糙度质量？
31. 如何选择直槽丝锥、螺旋槽丝锥和挤压丝锥？
32. 论述铣槽刀具的主要种类及应用。
33. 轴上键槽铣削时，影响槽宽尺寸的因素有哪些？
34. 论述键槽分层铣削法和扩刀铣削法的特点。
35. 如何使用千分尺测量尺寸？
36. 论述游标卡尺的使用注意事项。
37. 论述百分表的使用方法。

数控铣工(中级工)答案

一、填 空 题

1. 长仿宋体字　2. 斜体或直体　3. 大致相等　4. 细实线
5. 右下角　6. 代号　7. EQS　8. SR
9. 粗糙　10. R_a　11. 全剖视图　12. 斜视图
13. 序号数字　14. 0.04%～2.3%　15. 钨　16. 235
17. 正火　18. 回火托氏体　19. 2.11%
20. 白口铸铁和灰口铸铁　21. 普通黄铜和特殊黄铜
22. AC　23. 10^6　24. 铁芯　25. 过载保护
26. 互锁　27. 齿形　28. 伺服执行　29. 短
30. 脉冲数量　31. 机床原点　32. 每周　33. 密封装置
34. 塑性变形　35. 振动　36. 摩擦　37. 硬质合金
38. 高速钢　39. 待加工　40. 2　41. 6
42. 回转工作台　43. 37.7　44. 5　45. 前道
46. 精加工　47. 加工方法　48. 自为　49. 位置
50. 侧平面　51. 深度　52. 偏心　53. 90°
54. 3　55. 最大　56. 测力　57. 高速脂
58. 工业润滑油　59. 100　60. 黏度指数　61. 闭口闪点
62. 水溶性　63. 水　64. 增强顾客满意　65. 测量设备
66. 最高管理者　67. 变更前　68. 有效性　69. 不符合
70. 范围　71. 前　72. 任何　73. 健康损害
74. 承包方　75. 正　76. 斜视图
77. 机械加工工艺过程　78. 崩碎状　79. 相变磨损　80. 前刀面
81. 时效　82. 4　83. 基准　84. 6
85. 粗　86. 小于　87. 球头
88. 提高加工效率　89. 正值　90. 刀具半径补偿　91. 顺时针圆弧
92. 轮廓控制　93. 主轴方向　94. 程序段　95. 地址符
96. 工艺基准　97. 切线方向　98. 长度　99. 右手定则
100. 绝对值编程　101. 子程序　102. APT　103. 工件原点
104. G41　105. 远离工件　106. 子程序结束　107. 换刀程序
108. 点　109. /　110. 手动数据输入
111. 显示加工位置画面　112. G01　113. G03　114. G04
115. M00　116. 刀具半径补偿　117. 笛卡儿直角坐标系

118. 对刀 119. 加工精度 120. 旋转方向 121. 加工路线
122. 首件试切 123. 降低 124. 工件坐标系 125. 变量
126. 程序 127. 正向 128. 粗加工 129. 重磨精度高
130. 硬质合金 131. 相同 132. 刀具中心 133. G02
134. 轮廓曲线 135. 小于 136. 空间曲面 137. 工件表面
138. 粗 139. 60° 140. 90° 141. 较差
142. 横刃 143. 2 144. 顺铣 145. 闭式平键槽
146. 三面刃 147. 垂直 148. 1 mm 149. 内外径
150. 0.1 151. 操作人员 152. 定点、定质、定量、定时
153. 一级保养和二级保养 154. 排除一般故障 155. 油脂
156. 定期除尘 157. 报警 158. 空运转 159. 简单
160. 油标 161. 复位键 162. 自动诊断 163. 加工程序
164. 保持故障现场 165. PLC 166. 垂直 167. 框式水平仪
168. 0.02 169. 读数 170. 磁性

二、单项选择题

1. D 2. A 3. A 4. C 5. D 6. D 7. A 8. B 9. C
10. A 11. C 12. C 13. B 14. C 15. D 16. B 17. C 18. B
19. A 20. B 21. C 22. D 23. A 24. A 25. C 26. C 27. C
28. B 29. C 30. C 31. B 32. D 33. B 34. B 35. B 36. B
37. D 38. D 39. A 40. A 41. D 42. A 43. A 44. B 45. B
46. B 47. C 48. C 49. A 50. D 51. A 52. C 53. A 54. B
55. C 56. D 57. B 58. B 59. B 60. B 61. A 62. C 63. D
64. D 65. A 66. D 67. A 68. B 69. C 70. D 71. B 72. A
73. C 74. D 75. B 76. A 77. D 78. C 79. B 80. A 81. A
82. C 83. A 84. C 85. B 86. D 87. B 88. A 89. D 90. B
91. D 92. C 93. B 94. C 95. A 96. A 97. B 98. C 99. A
100. A 101. D 102. D 103. B 104. D 105. D 106. A 107. B 108. C
109. B 110. B 111. C 112. A 113. C 114. B 115. D 116. A 117. D
118. A 119. C 120. A 121. B 122. D 123. C 124. A 125. A 126. D
127. B 128. C 129. B 130. A 131. B 132. B 133. D 134. A 135. D
136. A 137. C 138. B 139. D 140. B 141. D 142. C 143. A 144. D
145. B 146. C 147. A 148. D 149. B 150. A 151. C 152. D 153. A
154. D 155. C 156. D 157. A 158. B 159. D 160. C 161. C 162. B
163. B 164. C 165. D 166. A

三、多项选择题

1. BC 2. AD 3. ABCD 4. AB 5. AB 6. ACD 7. ABD
8. BC 9. ABC 10. ABD 11. ABCD 12. AB 13. AD 14. BD

15. AC　16. AC　17. CD　18. ABCD　19. ABCD　20. AB　21. ABC
22. AB　23. AB　24. ABC　25. ABCD　26. CD　27. AC　28. ABC
29. BC　30. CD　31. ABC　32. BC　33. AC　34. ABCD　35. ABC
36. BCD　37. ABD　38. ABC　39. BC　40. CD　41. ABCD　42. BC
43. AD　44. BC　45. ACD　46. BC　47. AB　48. BCD　49. BCD
50. ABD　51. ABCD　52. BCD　53. ABCD　54. ABC　55. AB　56. ACD
57. ACD　58. ABC　59. ABCD　60. BCD　61. BD　62. AB　63. BC
64. ABD　65. ABCD　66. BCD　67. ABD　68. ABC　69. BCD　70. AB
71. CD　72. ABD　73. AC　74. ABCD　75. ABD　76. BCD　77. ABCD
78. BC　79. ACD　80. ABC　81. ABC　82. BCD　83. AB　84. BCD
85. ABD　86. ABCD　87. BCD　88. ABC　89. ABC　90. AD　91. BCD
92. BCD　93. ABC　94. AC　95. ABC　96. BCD　97. ABD　98. ACD
99. ABD　100. BCD　101. ACD　102. ABD　103. ABC　104. ABC　105. ABD
106. AB　107. BCD　108. CD　109. ABCD　110. AB　111. CD　112. AD
113. AC　114. ABC　115. BD　116. ABCD　117. ABD　118. AD　119. BC
120. ABC　121. ABC　122. BD　123. CD　124. AC　125. ABC　126. CD
127. CD　128. BC　129. AD　130. BD　131. ABCD　132. AC　133. ABD
134. BCD　135. BD　136. AC　137. BCD　138. ACD　139. ABD　140. AB
141. BC　142. AD　143. ABC　144. ABCD　145. BCD　146. AC　147. AB
148. BCD　149. AD　150. CD　151. BD　152. AC　153. ABC　154. ABC
155. CD　156. CD　157. ABD　158. BC　159. AB　160. BC　161. BD
162. AD　163. AC

四、判断题

1. √　2. √　3. √　4. ×　5. √　6. √　7. √　8. ×　9. √
10. ×　11. √　12. √　13. ×　14. ×　15. ×　16. ×　17. ×　18. √
19. √　20. √　21. √　22. √　23. ×　24. √　25. ×　26. ×　27. √
28. √　29. ×　30. ×　31. ×　32. ×　33. ×　34. ×　35. ×　36. √
37. ×　38. √　39. ×　40. ×　41. ×　42. √　43. √　44. √　45. √
46. ×　47. √　48. ×　49. √　50. ×　51. √　52. ×　53. √　54. √
55. √　56. √　57. ×　58. √　59. √　60. ×　61. √　62. √　63. ×
64. √　65. ×　66. ×　67. √　68. √　69. √　70. ×　71. ×　72. ×
73. √　74. √　75. ×　76. ×　77. √　78. √　79. ×　80. √　81. ×
82. ×　83. √　84. ×　85. √　86. √　87. ×　88. ×　89. ×　90. ×
91. ×　92. ×　93. √　94. √　95. ×　96. ×　97. √　98. ×　99. √
100. ×　101. √　102. ×　103. ×　104. ×　105. ×　106. ×　107. √　108. ×
109. √　110. √　111. √　112. ×　113. ×　114. ×　115. √　116. √　117. √
118. ×　119. ×　120. ×　121. ×　122. ×　123. √　124. √　125. ×　126. ×
127. √　128. √　129. ×　130. ×　131. √　132. √　133. ×　134. √　135. ×

136. √　137. √　138. ×　139. √　140. √　141. ×　142. ×　143. √　144. √
145. ×　146. ×　147. √　148. ×　149. ×　150. √　151. √　152. ×　153. √
154. ×　155. √　156. ×　157. ×　158. √　159. ×　160. ×　161. ×　162. √
163. ×　164. √　165. √　166. ×　167. ×　168. √　169. √　170. ×　171. ×

五、简 答 题

1. 答:刀具磨损到一定限度就不能继续使用,这个磨损的限度称为磨钝标准(2 分)。刀具耐用度指刀具自开始切削一直到磨损量达到刀具磨钝标准所经过的总切削时间(3 分)。

2. 答:确定程序起点要考虑刀具的切入和切出方便性(1.5 分)以及切入切出的长度是否足够长(1.5 分),不影响工件表面质量的加工(1 分),还要考虑编程的方便性(1 分)。

3. 答:夹紧装置应具备:(1)夹紧过程可靠,不改变工件定位后所占据的正确位置(1 分);(2)夹紧力的大小适当(1 分);(3)操作简单方便、省力、安全(1 分);(4)结构性好,夹紧装置的结构力求简单、紧凑(1 分),便于制造和维修(1 分)。

4. 答:经过严重塑性变形而使表面层硬度增高的现象称为加工硬化(1 分)。减小措施有:(1)磨出锋利的切削刃(1 分);(2)增大前角或后角(1 分);(3)减小背吃刀量(1 分);(4)合理选用切削液(1 分)。

5. 答:改善加工表面粗糙度的措施有:(1)提高切削速度(1 分),选用较小副偏角,磨出倒角刀尖或修圆刀尖(1 分);(2)在刀具强度和刀具寿命许可条件下尽量选用大的前角(1 分);(3)选用较好的刀具材料(1 分);(4)低速切削时用切屑液(1 分)。

6. 答:材料的切削加工性能指标有:(1)加工材料的性能指标(2 分);(2)材料的相对加工性指标(1.5 分);(3)刀具寿命指标(1.5 分)。

7. 答:目的是为了保证反向传动精度和轴向刚度(1 分)。常见的预紧方法有:垫片预紧(1 分)、螺纹预紧(1 分)、齿差调节预紧(1 分)、单螺母变位螺距预加负荷预紧(1 分)。

8. 答:三轴联动是指铣床的三个坐标可同时运动(1 分);两轴半联动是指三轴铣床中任意两根轴组合可以同时动作(1.5 分)。三轴联动的机床可以加工空间任意曲面(1 分);两轴半机床只能加工平面曲线(1.5 分)。

9. 答:对刀就是通过刀具的位置来建立工件坐标系(1 分)。常用的对刀方法有试切法对刀(1 分)、对刀仪对刀(1 分)、自动对刀(1 分)、ATC 对刀(1 分)。

10. 答:一个完整尺寸包含 4 个要素(1 分),即尺寸线(1 分)、尺寸数字(1 分)、尺寸公差(1 分)和箭头(1 分)。

11. 答:(1)当零件上所有表面都需加工时,应选择加工余量最小的表面作粗基准(2 分);(2)工件上各个表面不需要全部加工时,应以不加工的面作粗基准(1.5 分);(3)尽量选择光洁、平整和幅度大的表面作粗基准(1.5 分)。

12. 答:定位基准就是工件定位时的点、线、面(3 分)。定位基准可分为粗基准和精基准两种(2 分)。

13. 答:常用的夹具有通用夹具(1 分)、专用夹具(1 分)、可调夹具(1 分)、组合夹具(1 分)和自动线夹具(1 分)等五大类。

14. 答:重复定位就是定位点多于所应限制的自由度数(2 分),说明实际上有些定位点重复限制了同一个自由度(2 分),这样的定位称为重复定位(1 分)。

15. 答:由于夹具的定位元件与刀具及机床运动的相对位置可以事先调整(1 分),因此加工一批零件时采用夹具装夹工件,既不必逐个找正(1 分),又快速方便(1 分),且有很高的重复精度(1 分),能保证工件的加工要求(1 分)。

16. 答:确定夹力方向应遵循的原则:(1)夹紧力作用方向不应破坏工件定位的正确性(2 分);(2)夹紧力方向应使所需夹紧力尽可能小(1.5 分);(3)夹紧力方向应使工件变形尽可能小(1.5 分)。

17. 答:带状切屑产生的条件是:在加工塑性金属材料时,切削速度较高(1 分),切削厚度较薄(1 分),刀具前角较大(1 分),由于切屑剪切滑移过程中的滑移量较小,没有达到材料的破坏程度(1 分),因此形成带状切屑(1 分)。

18. 答:(1)分析零件图样和制定工艺方案(1.5 分);(2)数学处理(1.5 分);(3)编写零件加工程序(1 分);(4)程序检验(1 分)。

19. 答:(1)所选的对刀点应使程序编制简单(1.5 分);(2)对刀点应选择在容易找正、便于确定零件加工坐标系原点的位置(1.5 分);(3)对刀点应选择在加工时检验方便、可靠的地方(1 分);(4)对刀点的选择应有利于提高加工精度(1 分)。

20. 答:数控铣削的加工场合十分广泛(1 分),主要用于各种较复杂的平面、曲面和壳体类零件的加工(2 分)。如各类凸轮、模具、连杆和箱体等零件的铣削加工(1 分),同时还可以进行钻、扩、绞、攻螺纹以及镗孔等加工(1 分)。

21. 答:G50 为设定加工坐标系指令(1 分)。在程序中出现 G50 程序段时,即通过刀具当前所在位置即刀具起始点来设定加工坐标系(2 分)。这种方式设置的加工坐标系原点是随刀具当前位置(起始位置)的变化而变化的(2 分)。

22. 答:G53 指令使刀具快速定位到机床坐标系中的指定位置上(1 分),X、Y、Z 后的值为机床坐标系中的坐标值(1 分),其尺寸均为负值(1 分)。G54～G59 指令设置工件坐标系(1 分),也叫工件坐标系的偏置指令(1 分)。

23. 答:FMC 代表柔性制造单元(1.5 分),FMS 代表柔性制造系统(1.5 分),CIMS 代表计算机集成制造系统(2 分)。

24. 答:(1)分析零件图样(1 分);(2)确定工艺过程(1 分);(3)设计工装夹具(0.5 分);(4)数值计算(0.5 分);(5)编写输入(0.5 分);(6)程序输入(0.5 分);(7)校对检查程序(0.5 分);(8)首件加工(0.5 分)。

25. 答:刀具半径补偿指令包括 G40、G41 和 G42(2 分)。G40 是取消刀具半径补偿功能(1 分);G41 是在相对于刀具前进方向左侧进行补偿,称为左刀补(1 分);G42 是在相对于刀具前进方向右侧进行补偿,称为右刀补(1 分)。

26. 答:刀具长度补偿指令包括 G43、G44 和 G49(1 分)。用 G43(正向偏置)、G44(负向偏置)指令偏置的方向(2 分),H 指令设定在偏置存储器中的偏置量(1 分),G49 是取消长度补偿(1 分)。

27. 答:目前流行的自动编程软件有 MasterCAM(1.5 分)、UG(1.5 分)、ProE(1 分)、cimatron 等(1 分)。

28. 答:刀具半径补偿指令解决了刀具中心运动轨迹与加工轮廓不重合所带来的复杂计算问题(2 分),并且可解决粗、精加工或刀具磨损前后共用同一程序的问题(2 分),使得编程工作量减少、精确程度提高(1 分)。

29. 答:刀具长度补偿指令解决了因换刀所带来的刀具长度不同(1 分)在加工中沿刀具轴线方向(1 分)所产生的坐标值变化(1 分)但可共用同一坐标系统的问题(1 分),以及刀具长度磨损引起的误差补偿问题(1 分)。

30. 答:对刀的目的是确定工件坐标系原点在机床坐标系中的位置(2 分)。对刀点选择原则是便于对刀操作(1.5 分),且与工件坐标系原点和机床坐标系原点之间有确定的坐标关系(1.5 分)。

31. 答:M00 为程序暂停指令(1 分);M01 为程序选择性停止指令(1 分);M02 为程序结束指令并复位,但光标在程序结尾处(1.5 分);M30 为主程序结束指令,复位光标回到程序开头处(1.5 分)。

32. 答:数控机床的坐标系可分为机床坐标系和工件坐标系两种(2 分)。机床坐标系是机床硬件系统建立的坐标系统(1.5 分),而工件坐标系是为了方便工件加工而建立的临时坐标系统(1.5 分)。

33. 答:绝对坐标的含义是指该点与机床原点间的差值(2 分),增量坐标的含义是指该点与上一点间的差值(3 分)。

34. 答:模态指令一经程序段中指定,便一直有效(1.5 分),直到后面出现同组另一指令或被其他指令取消时才失效(1 分)。非模态指令,又称非续效指令(1.5 分),其功能只在出现的程序段中有效(1 分)。

35. 答:数控铣床的加工范围很广,可以平面加工(1 分)、轮廓加工(1 分)、孔类加工(1 分)、槽类加工(1 分)、曲面加工(1 分)。

36. 答:圆柱形铣刀对铸锻件表面粗加工时,如果采用顺铣切削方式,则会使刀齿首先接触到毛坯表面坚硬的氧化物层(黑皮)(3 分),会加剧刀具的磨损,因此一般采用逆铣切削方式(2 分)。

37. 答:平面精削时,如果端铣用面铣刀的刀心轨迹与工件边缘线重合(1 分),切削刀片进入工件材料时的冲击力最大(2 分),是最不利刀具寿命和加工质量的情况(2 分)。

38. 答:铣削用量包括:铣削速度(1 分)、铣削宽度(1 分)、铣削深度(1 分)及进给量(1 分)。进给量的表示方法有三种:每齿进给量、每转进给量及进给速度(1 分)。

39. 答:分析平面铣削加工的内容应考虑:加工平面区域大小(1 分);加工平面相对基准面的位置(1 分);加工平面的表面粗糙度要求(1 分);加工平面相对基准面的定位尺寸精度、平行度、垂直度等要求(2 分)。

40. 答:对面积不太大的平面,宜采用直径比平面宽度大的面铣刀实现单次平面铣削(1 分),面铣刀最理想的直径应为平面宽度的 1.3~1.6 倍(2 分)。这个比例可以保证切屑较好的形成和排出(2 分)。

41. 答:精基准的选择原则是基准重合、基准统一(1 分)、自为基准(1 分)、互为基准(1 分),精基准选择应保证工件定位准确(1 分)、夹紧可靠、操作方便(1 分)。

42. 答:在轮廓加工过程中,工件、刀具、夹具、机床系统等处在弹性变形平衡的状态下(2 分),在进给停顿时,切削力减小(1 分),刀具会在进给停顿处的零件表面留下刀痕(1 分),因此在轮廓加工中应避免进给停顿(1 分)。

43. 答:分析零件图样的主要内容包括:零件轮廓的分析(1 分);零件尺寸精度、形位精度的分析(1 分);表面粗糙度的分析(1 分);技术要求的分析(1 分);零件材料、热处理等要求的分析(1分)。

44. 答:确定加工工艺的主要内容包括:选择加工方案(1分);确定加工路线(1分);选择定位与夹紧方式(1分);选择刀具(0.5分);选择各项切削参数(0.5分);选择对刀点、换刀点(1分)。

45. 答:校验的主要方式有:(1)采用机床空运行的方式进行校验(1.5分);(2)有图形显示功能的数控机床可直接在CRT显示屏上进行校验(1.5分)。程序校验只能校验数控程序的动作(1分),不能校验加工精度(1分)。

46. 答:刀具从起点接近工件轮廓时,执行G41或G42程序段后(1分),程序开始进入补偿模式(1分),刀具中心从与编程轨迹重合过渡到与编程轨迹偏离一个偏置量(由地址D指定)的过程(1.5分)。该过程在指令G00或G01时才有效(1.5分)。

47. 答:在轮廓加工中,为更多的去除余量,一般情况下刀具半径应尽可能选大一些(2分),但刀具半径要小于轮廓内凹圆弧的半径(1.5分),否则将会发生过切(1.5分)。

48. 答:立铣刀侧刃长度决定切削的最大深度(1分),一般Z方向的吃刀深度不宜超过刀具直径的1.5倍(1.5分),侧向的吃刀深度不宜超过刀具半径值(1.5分)。直径较小的立铣刀,切削深度选择得更小些(1分)。

49. 答:立铣刀在铣槽加工中,若从平面侧进刀,可能产生全刀齿切削(1分),刀具底面和周边都要参与切削(1分),切削条件相对较恶劣(1.5分),可以设置较低的进给速度(1.5分)。

50. 答:硬质合金刀具在加工中,随着主轴转速的提高(1分),与刀具切削刃接触的钢材的温度也升高(1分),从而降低材料的硬度(1分),这时加工条件较好(1分)。硬质合金立铣刀加工时,若使用较低主轴转速容易使刀具崩裂(1分)。

51. 答:立铣刀的刀具从主轴伸出的长度越长,抗弯强度减小(1分),受力弯曲程度大(1分),会影响加工的质量(1分),并容易产生振动(1分),加速切削刃的磨损(1分)。

52. 答:钻孔时,钻头直径太小,刚性差,钻头易弯曲,钻出的孔发生偏斜,严重时钻头易折断(3分)。钻头直径太大,横刃长,定心性能差(2分)。

53. 答:钻小直径孔或深孔时,进给速度不应太快,否则易使钻头产生弯曲现象,造成孔轴线歪斜或钻头断裂(2分);要经常退钻排屑,以免切屑阻塞而扭断钻头(2分);由于切削热散热差,要注意冷却润滑(1分)。

54. 答:与麻花钻相比,扩孔钻有3～4个切削刃,且没有横刃,其顶端是平的(1分),螺旋槽较浅,故钻芯粗实、刚性好,不易变形,导向性好(2分),因此可获得较好的几何形状和表面粗糙度(2分)。

55. 答:铰孔时铰刀不能倒转(2分),否则会使切屑卡在孔壁和铰刀刀齿的后刀面之间,而使孔壁划伤或切削刃崩裂(3分)。

56. 答:与直槽丝锥相比,螺旋槽丝锥适用于数控加工中心钻盲孔用(1分),加工速度较快(1分),精度高(1分),排屑较好(1分)、对中性好(1分)。

57. 答:镗孔工艺范围广,可加工各种不同尺寸和不同精度等级的孔(2分),特别适合加工孔径较大、尺寸和位置精度要求较高的孔和孔系(3分)。

58. 答:常用于铣床加工槽的铣刀有立铣刀(1分)、键槽铣刀(1分)、三面刃铣刀(1分)、锯片铣刀(1分)、T形槽铣刀及角度铣刀等(1分)。

59. 答:一般步骤是对中槽中心线,在空刀位置直接下刀一定深度,水平进给铣槽(2分),

退刀后再下刀一定深度,水平进给铣槽(1 分),经多次铣削,铣到规定的深度,再根据槽宽度精铣槽宽到尺寸(2 分)。

60. 答:键槽铣刀一般为两个刀齿,不能加工平面,可以沿轴向切削,直接加工两端封闭的键槽(3 分)。立铣刀一般具有三个以上的刀齿,可以加工平面,不能沿轴向切削(2 分)。

61. 答:槽类零件轨迹法切削实际上是一种成型切削(2 分)。刀具按槽的形状单一轨迹运动,刀具轨迹和刀具形状合成为槽的形状(2 分),槽的尺寸取决于刀具尺寸(1 分)。

62. 答:轨迹法切削槽的尺寸取决于刀具尺寸(1 分),槽的两侧表面,一面为顺铣,一面为逆铣,因此两侧加工质量不同(2 分)。精加工余量由半精加工刀具尺寸决定(2 分)。

63. 答:其特点是工件的轴线位置只在 V 形槽的对称平面内随工件直径变化而上下变动(2 分),因此,当盘形槽铣刀的对称平面或键槽铣刀的轴线与 V 形槽的对称平面重合时,能保证一批工件上轴上键槽的对称度(3 分)。

64. 答:用软布将量爪擦干净(1 分),使其并拢(1 分),查看游标和主尺身的零刻度线是否对齐(1 分)。如果没有对齐,游标的零刻度线在尺身零刻度线右侧的叫正零误差(1 分),在尺身零刻度线左侧的叫负零误差(1 分)。

65. 答:选定深度游标卡尺游标上相邻的三条线(2 分),如果左侧的线在尺身对应线的右侧(1 分),右侧的线在尺身对应线的左侧(1 分),那么中间那条线便可以认为是对准了(1 分)。

66. 答:百分表的读数方法为先读小指针转过的刻度线(即毫米整数)(2 分),再读大指针转过的刻度线(即小数部分),并乘以 0.01(2 分),然后两者相加,即得到所测量的数值(1 分)。

67. 答:将被测量表面与粗糙度样板进行比较(1 分),比较时要求样板的加工方法、加工纹理、加工方向以及材料与被测零件表面相同(2 分)。当 R_a 大于 1.6 μm 时目测(1 分),当 R_a 介于 0.4～1.6 μm 时用放大镜(1 分)。

68. 答:量块的用途:(1)用来校准、调整长度测量器具(1 分);(2)长度测量中,作为相对测量的标准件(1 分);(3)用于精密机床的调整(1 分);(4)直接用于精密被测件尺寸的检验(2 分);(5)用于精密划线(1 分)。

69. 答:(1)在尺身上读出游标零线以左的刻度,即被测尺寸的整数部分(2 分);(2)数出游标零线右侧第几条刻线与尺身刻线对齐,读出被测尺寸的小数部分(2 分);(3)将整数和小数部分相加,得到卡尺的测量尺寸(1 分)。

六、综 合 题

1. 答:生产过程是由原材料到成品之间的各有关劳动过程的总和(3 分)。工艺过程是在生产过程中,那些与由原材料转变为产品直接相关的过程(2 分),包括毛坯制造(1 分)、零件加工(1 分)、热处理(1 分)、质量检验(1 分)和机器装配等(1 分)。

2. 答:分析零件技术要求时需要考虑:(1)精度分析,主要指精加工表面的尺寸精度、形状和位置精度的分析(2 分),一般尺寸精度取决于加工方法,位置精度决定于安装方法和加工顺序(2 分);(2)表面粗糙度及其他表面质量要求分析(2 分);(3)热处理要求及其有关材质性能分析(2 分);(4)其他技术要求,如动平衡、去磁等的分析(2 分)。

3. 答:如图 1 所示。(凡错、漏、多一条线各扣 1 分)

4. 答:刀具半径补偿是指数控系统在进行程序插补运算前(2 分),刀具中心轨迹自动地偏离编程轮廓线一个刀具半径值,以方便编程或刀具更换(2 分)。刀具长度补偿是指通过长度补偿

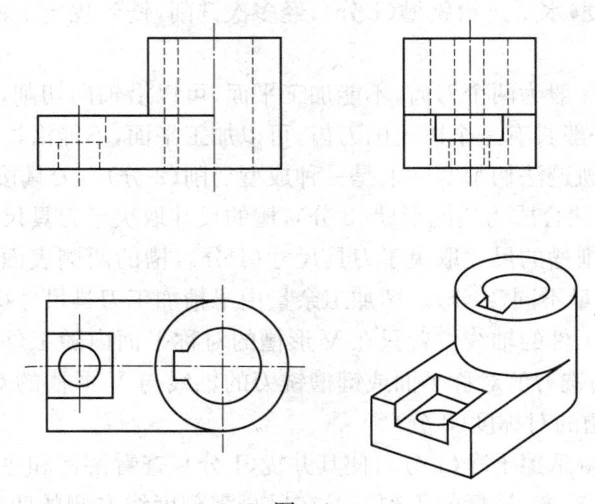

图 1

指令使编程点在插补运算时自动加上或减去刀具的长度(2 分),从而使实际加工的长度尺寸不受刀具变化的影响,以简化编程(2 分),主要用在要换多把刀具的加工中心程序上(2 分)。

5. 答:可转位硬质合金铣刀片具有如下优点:(1)由于刀片不经过焊接,并在使用过程中不需要刃磨,避免焊接刃磨所造成的内应力和裂纹,可提高刀具耐用度(2.5 分);(2)刀体可较长时间使用,不仅节约刀体材料,而且减少铣刀制造及刃磨所需的人工及设备(2.5 分);(3)铣刀用钝后,只要将刀片转位就可继续使用,因而缩短了换刀、对刀等辅助时间(2.5 分);(4)刀片用钝后回收方便,减少刀具材料消耗,降低成本(2.5 分)。

6. 答:逆铣时,铣刀切入过程与工件之间产生强烈摩擦,刀具易磨损,并使加工表面粗糙度变差(2 分),同时逆铣时有一个上抬工件的分力,容易使工件振动和工夹松动(2 分)。采用顺铣时,切入前铣刀不与零件产生摩擦,有利于提高刀具耐用度、降低表面粗糙度,铣削时向下压的分力有利于增加工件夹持稳定性(2 分)。但由于进给丝杆与螺母之间有间隙,顺铣时工作台会窜动而引起打刀(1 分);另外采用顺铣法铣削铸件或表面有氧化皮的零件毛坯时,会使刀刃加速磨损甚至崩裂(1 分)。数控机床采用了间隙补偿结构,窜刀现象可以克服,因此顺铣法铣削应用较多(2 分)。

7. 答:(1)在采用长刀轴安装带孔铣刀时,应尽可能使刀具靠近铣床主轴,以使铣削平稳(2 分);(2)在不影响铣削的条件下,挂架应尽量靠近铣刀,以增加刀轴刚性(2 分);(3)安装带孔铣刀时,若切削力较大,应在铣刀与刀轴之间采用平键连接(2 分);若切削刀较小,不采用平键连接时,应注意使铣刀旋转方向与刀轴螺母的旋紧方向相反(2 分),此外应注意多接合面清洁,检查铣刀的跳动量(2 分)。

8. 答:数控铣削加工中进给路线对零件的加工精度和表面质量有直接的影响(1.5 分),因此,确定好进给路线是保证铣削加工精度和表面质量的工艺措施之一(1 分)。进给路线的确定与工件表面状况(1.5 分)、要求的零件表面质量(1.5 分)、机床进给机构的间隙(1.5 分)、刀具耐用度(1.5 分)以及零件轮廓形状有关(1.5 分)。

9. 答:目前用于制造刀具切削部分的材料可分为金属材料和非金属材料两大类(1.5 分):金属材料有碳素工具钢(1.5 分)、合金工具钢(1.5 分)、高速硬质合金(1.5 分);非金属材料有人造金刚石(1.5 分)和立方氮化硼及陶瓷(1.5 分)。其中碳素工具钢和合金工具钢的红硬性能较差(约 200℃～400℃),已很少用来制造车刀(1 分)。

10. 答:机床坐标系是机床固有的坐标系(2 分),机床坐标系的原点也称为机床原点或机床零点(1 分),这个原点在机床一经设计和制造调整后便被确定下来,是固定的点(2 分)。工件坐标系是编程人员在编程时使用的(1 分),编程人员选择工件上的某一已知点为原点,建立一个新的坐标系,称为工件坐标系(2 分)。工件坐标系一旦建立便一直有效,直到被新的工件坐标系所取代(2 分)。

11. 答:插补是数控系统根据输入的基本数据,通过计算将工件轮廓的形状描述出来(2 分),边计算边根据计算结果向各坐标发出进给指令(2 分)。目前应用较多的插补计算法有逐点比较插补计算法(1.5 分)、数字积分插补计算法(1.5 分)、时间分割插补计算法(1.5 分)和样条插补计算法(1.5 分)。

12. 答:主程序是一个完整的零件加工程序,与被加工零件及加工要求一一对应(2 分)。为了简化编程,当一组程序段在一个程序中多次出现(1 分),或者在几个程序中要使用(1 分),可将这组程序段编写为单独的程序,并通过程序调用的形式来执行,这样的程序称为子程序(2 分)。用户宏程序是以变量的组合,通过各种算术和逻辑运算、转移及循环等命令而编制的一种可以灵活运用的程序(2 分),只要改变变量的值,即可完成不同的加工或操作(2 分)。

13. 答:加工程序的编制方法主要有两种:手工编程和自动编程(2 分)。手工编程指主要由人工来完成数控编程中各个阶段的工作(2 分)。一般对几何形状不太复杂的零件,计算比较简单,用手工编程比较合适(1 分)。自动编程是指在编程过程中,除了分析零件图样和制定工艺方案由人工进行外,其余工作均由计算机辅助完成(2 分)。由于计算机自动编程代替程序编制人员完成了繁琐的数值计算,可提高编程效率(2 分),因此解决了手工编程无法解决的许多复杂零件的编程难题(1 分)。

14. 答:确定走刀路线时应注意以下几点:(1)寻求最短加工路线减少空刀时间,提高加工效率(2 分);(2)为保证工件轮廓表面加工后的粗糙度要求,最终轮廓应安排在最后一次走刀中连续加工出来(2 分);(3)刀具的切出或切入点应在沿零件轮廓的切线上,以保证工件轮廓光滑(1 分),尽量减少在轮廓加工切削过程中的暂停(1 分);(4)对横截面积小的细长零件或薄板零件应采用分几次走刀加工到最后尺寸或对称去除余量法安排走刀路线(2 分);(5)对刀点的选择应有利于提高加工精度(2 分)。

15. 答:逐点比较插补计算法,即每走一步都要和给定轨迹上的坐标值进行一次比较(2 分),看该点在给定轨迹的上方或下方,或在给定轨迹的里面或外面,从而决定下一步的进给方向,使之趋近给定轨迹(2 分)。四节拍可概括为:(1)偏差判别(1.5 分);(2)坐标进给(1.5 分)、(3)新偏差计算(1.5 分)、(4)终点判别(1.5 分)。

16. 答:机床原点是机床坐标系的原点,是固定的点(1 分),作用是使机床的各运动部件都有一个相应的位置(2 分)。编程原点是工件坐标系的原点,也是编程人员选择工件上的某一已知点为原点(2 分),建立一个坐标系,主要是为了方便编程,不考虑工件在机床上的具体位置(2 分)。参考原点是机床各运动轴的测量起点(1 分),数控装置通电后为了正确地在机床工作时建立机床坐标系就必需设置一个机床参考点(2 分)。

17. 答:(1)在编程时,采用刀具半径补偿指令 G41D_或 G42D_建立刀具补偿功能(2 分)。G41 是在相对于刀具前进方向左侧进行补偿,称为左刀补(1 分);G42 是在相对于刀具前进方向右侧进行补偿，称为右刀补(1分)；D_为半径偏置存储器的代号(1分)；用G40取消刀具半径补偿功能(1分)。(2)在对刀时，在刀具半径补偿表中输入半径补偿值于对应的偏置存储器中(2分)，只有在垂直刀具轴线的平面内的直线移动指令G00或G01下才能建立和取消刀具半径补偿功能(2分)。

18. 答：(1)在编程时，采用刀具长度补偿指令G43H_或G44H_建立刀具长度补偿功能(2分)。G43是正向偏置，即刀具面的机床坐标＋偏置量(1分)；G44是负向偏置，即刀具面的机床坐标－偏置量(1分)；H_为长度偏置存储器的代号(1分)；用G49取消刀具长度补偿功能(1分)。(2)在对刀时，在刀具长度补偿表中输入长度补偿值于对应的偏置存储器中(2分)，只有在沿刀具轴线方向的直线运动指令下才能建立和取消刀具长度补偿功能(1分)。

19. 答：工件坐标系是为了编程方便而建立的坐标系(2分)，机床坐标系是机床制造商根据机床特点而设定的坐标系(2分)。一般来说，二者是不重合的(2分)。当工件装夹后，工件坐标系与机床坐标系是通过对刀操作建立起联系(2分)。为对刀操作方便，一般尽量使工件坐标系的坐标轴与机床坐标系的坐标轴平行或重合(2分)。

20. 答：采用G92XαYβZγ方式(1分)：(1)刀具回参考点(1分)；(2)Z方向对刀：刀具端面与工件上表面接触，记录机床坐标值(1分)；(3)X方向对刀：刀具圆柱表面与工件左侧面接触，记录坐标值(1分)；(4)Y方向对刀：刀具圆柱表面与工件前侧面接触，记录坐标值(1分)；(5)刀具回参考点(1分)；(6)计算尺寸链，求得程序起点P点在机床坐标系下的坐标值(1分)；(7)手动将刀具调整到程序起点P(1分)，工件坐标系中坐标为(α,β,γ)(1分)，机床坐标系中坐标为(XP,YP,ZP)(1分)。

21. 答：(1)刀具回参考点(1分)；(2)Z方向对刀：刀具端面与工件上表面接触，记录机床坐标值(1.5分)；(3)X方向对刀：刀具圆柱表面与工件左侧面接触，记录坐标值(1.5分)；(4)Y方向对刀：刀具圆柱表面与工件前侧面接触，记录坐标值(1.5分)；(5)刀具回参考点(1.5分)；(6)计算工件原点O在机床坐标系中的坐标值(1.5分)；(7)在G54～G59坐标选项中用MDI方式输入工件原点O在机床坐标系中的坐标值(1.5分)。

22. 答：(1)端铣刀的副切削刃对已加工表面有修光作用，能降低加工表面的表面粗糙度值(3分)；(2)同时参加切削的端铣刀齿数较多，切削力的变化程度较小，因此切削平稳(3分)；(3)端铣刀的主切削刃刚接触工件时，切屑厚度不等于零，使刀刃不易磨损(2分)；(4)端铣刀的刀杆伸出较短，刚性好，刀杆不易变形，可用较大的切削用量，生产效率高(2分)。

23. 答：(1)逆铣时，逆铣铣刀的旋转方向与工件的进给方向相反(3分)；(2)逆铣时，铣刀的刀刃开始接触工件后，将在表面滑行一段距离才真正切入金属，这就使得刀刃容易磨损，并增加加工表面的粗糙度(4分)；(3)逆铣时，铣刀对工件有上抬的切削分力，影响工件安装在工作台上的稳固性(3分)。

24. 答：粗加工时为了保证必要的刀具耐用度，应优先采用较大的铣削深度或铣削宽度(1分)；其次是加大进给量(1分)；最后才是根据刀具耐用度的要求选择适宜的切削速度(1分)。这样选择是因为切削速度对刀具耐用度影响最大，进给量次之，铣削深度或铣削宽度影响最小(2分)。精加工时为减小工艺系统的弹性变形，必须采用较小的进给量(2分)，同时为了抑制积屑瘤的产生(1分)，应采用较大的切削速度(2分)。

25. 答：由直线、圆弧、曲线通过相交、相切连接而成二维平面轮廓的零件(2分)，适合用数控铣床周铣加工(1分)，这是因为数控铣床相对普通铣床具有多轴数控联动的功能(2分)。零件的二维平面轮廓，一般有轮廓度等形位公差要求(1分)，轮廓表面有表面粗糙度要求(1分)。具有台阶面的平面轮廓，立铣刀在对平行刀具轴线的轮廓周铣的同时(1分)，对垂直于 Z 轴的台阶面进行端铣削(1分)，台阶面亦有相应的质量要求(1分)。

26. 答：立铣刀周铣平面轮廓时，刀具轴线平行于轮廓侧面(1分)，铣刀的圆柱素线的直线度对轮廓面质量产生影响(1分)。周铣用的圆柱铣刀刀杆较长、直径较小、刚性较差，容易产生弯曲变形和引起振动(2分)。周铣时刀齿断续切削，刀齿依次切入和切离工件，易引起周期性的冲击振动(2分)。为了减小振动，可选用大螺旋角铣刀来弥补这一缺点(1分)。周铣时，只有圆周上的主切削刃在工作(1分)，不但无法消除加工表面的残留面积，而且铣刀装夹后的径向圆跳动也会反映到加工工件的表面上(2分)。

27. 答：立铣刀在加工过程中刀具有可能出现振动现象(1分)。振动会使立铣刀圆周刃的吃刀量不均匀(2分)，且切削量比原定值增大(2分)，影响加工精度和刀具使用寿命(2分)。当出现刀具振动时，应考虑降低切削速度和进给速度(2分)，如两者都已降低仍存在较大振动，则应考虑减小吃刀量(1分)。

28. 答：工件轮廓铣削粗加工时，力求用最短的时间切除工件大部分余量(2分)，当工件 X、Y 或 Z 向有较大余量，受工艺系统刚度和强度限制，刀具不可能一次走刀切削完成 (2分)，应根据工艺系统刚度和强度的实际情况分成多次切削(2分)。轮廓是否分层切削，还取决于工件的表面质量要求(2分)。当工件上要求的表面粗糙度较高时，可分粗、半精、精铣三次分层铣削(2分)。

29. 答：(1)麻花钻的直径受孔径的限制，螺旋槽使钻芯更细，钻头刚度低(1分)；仅有两条棱带导向，孔的轴线容易偏斜(1分)；横刃使定心困难，轴向抗力增大，钻头容易摆动(1分)。因此，钻出孔的形位误差较大(1分)。(2)麻花钻的前刀面和后刀面都是曲面，沿主切削刃各点的前角、后角各不相同，横刃的前角达$-55°$，切削条件很差(1分)；切削速度沿切削刃的分配不合理，强度最低的刀尖切削速度最大，所以磨损严重(1分)。因此加工的孔精度低(1分)。(3)麻花钻切削时，容易形成螺旋形切屑，排屑困难(1分)，切屑常常划伤孔壁，加工后的表面粗糙度很低(1分)。

30. 答：降低切削速度(1分)；根据加工材料选择切削液(1分)；适当减小主偏角，正确刃磨铰刀刃口(1分)；适当减小铰孔余量(1分)；提高铰孔前底孔位置精度与质量(1分)；修磨刃带宽度(1分)；采用带刃倾角的铰刀，使排屑顺利(1分)；定期更换铰刀(1分)；铰刀在刃磨、使用过程中，避免碰伤(1分)；采用前角 $5°\sim10°$的铰刀(1分)。

31. 答：(1)直槽丝锥通用性最强，通孔或不通孔、有色金属或黑色金属均可加工，价格也最便宜，但是螺纹加工精度一般(3分)。(2)螺旋槽丝锥比较适合加工不通孔螺纹，加工时切屑向后排出，有良好的切削性，可攻丝至盲孔的最下部。加工黑色金属的，螺旋角选得小一点，保证螺旋齿的强度；加工有色金属的，螺旋角选得大一点(4分)。(3)挤压丝锥比较适合加工有色金属，对金属进行挤压，使之塑性变形形成内螺纹。挤压成形的内螺纹金属纤维是连续的，抗拉、抗剪强度高，表面粗糙度好，但挤压丝锥底孔要求较高(3分)。

32. 答：铣槽刀具的种类主要有：(1)立铣刀，可铣削各种形状槽的平面和轮廓面(1分)；(2)键槽铣刀，可铣削各种键槽(1分)；(3)半圆键铣刀，可铣削半圆键槽(1分)；(4)三面刃铣刀，可铣削各种直通槽和圆弧形端部的封闭槽(1分)；(5)T形槽铣刀，可铣削各种T形槽；(6)对称双角铣刀，可铣削各种角度V形槽(1分)；(7)不对称双角铣刀，可铣削螺旋形刀具的刀齿槽（1 分）;(8)凸半圆铣刀,可铣削各种直径的半圆槽（1 分）;(9)锯片铣刀,可铣削窄槽（1 分）;(10)燕尾槽铣刀,可铣削燕尾槽(1 分)。

33. 答:影响槽宽尺寸的因素有:(1)铣刀的宽度或直径尺寸不合适,未经过试铣检查就直接铣削工件,造成槽宽尺寸不合适(3 分);(2)铣刀有摆差,用键槽铣刀铣轴槽,铣刀径向圆跳动太大,造成槽宽尺寸超差(2 分);(3)用盘形槽铣刀铣轴槽,铣刀端面圆跳动太大,造成槽宽尺寸超差(2 分);(4)铣削时,吃刀深度过大,进给量过大,产生"让刀"现象,造成槽宽尺寸偏差(3 分)。

34. 答:(1)分层铣削法是用符合键槽槽宽尺寸的键槽铣刀在槽深方向分层铣削键槽(3 分)。铣削时,铣削抗力小,铣削时不会产生明显的"让刀"现象(2 分)。(2)扩刀铣削法是先用直径比槽宽尺寸小的键槽铣刀进行分层往复粗铣至接近槽深,槽深留余量,再用符合轴槽宽度尺寸的键槽铣刀精铣(3 分)。精铣时,由于铣刀的两个侧刀刃的径向力能相互平衡,所以轴上键槽的对称性好(2 分)。

35. 答:(1)检查零点:缓缓转动微调旋钮,使测杆和测砧接触,到棘轮发出声音为止(2 分),此时活动套上的零刻线应当和固定套筒上的基准线对正,否则有零误差(1 分);(2)测量:左手持尺架,右手转动粗调旋钮使测杆与测砧间距稍大于被测物,放入被测物(2 分),转动保护旋钮至夹住被测物,直到棘轮发出声音为止,拨动固定旋钮使测杆固定后读数(2 分);(3)读数:最终读数结果为固定刻度＋半刻度＋可动刻度(3 分)。

36. 答:游标卡尺的使用注意事项:(1)检查游标卡尺外观,无锈蚀、无伤痕和无毛刺,测量前应将卡尺擦拭干净(2 分);(2)移动游标时,活动要自如,不应有过松或过紧,更不能有晃动现象(2 分);(3)把两个量爪紧密贴合时,应无明显的间隙,同时校对游标卡尺的零位(2 分);(4)用游标卡尺测量零件时,所用压力应使两个量爪刚好接触零件表面(2 分);(5)在游标卡尺上读数时,应把卡尺水平的拿着,朝着亮光的方向,视线要和卡尺的刻线表面垂直(2 分)。

37. 答:(1)使用前,应检查测量杆活动的灵活性(2 分);(2)使用时,必须把百分表固定在可靠的夹持架上(2 分);(3)测量时,不要使测量杆的行程超过测量范围（2 分）;(4)测量平面时,百分表的测量杆要与平面垂直,测量圆柱形工件时,测量杆要与工件的中心线垂直(2 分);(5)测头接触被测表面时,量杆应有 0.3～1 mm 的压缩量(1 分);(6)为方便读数,在测量前一般都把百分表的主指针指到刻度盘的零位(1 分)。

数控铣工(高级工)习题

一、填 空 题

1. 在零件图上标注尺寸,必须做到正确、完整、清晰、(　　)。

2. 机械图纸上标注的尺寸值为零件的真实大小,与绘图比例及绘图的准确性(　　)。

3. 零件的互换性是指同一批零件(　　)和辅助加工就能顺利的装到机器上去并能满足机器的性能要求。

4. 公差带图可以直观地表示出(　　)的大小及公差带相对于零线的位置。

5. 机械中常见的孔与轴的配合性质有(　　)、过渡配合、过盈配合三种。

6. 基准制分为基孔制和(　　)。

7. 剖视图可分为全剖视图、(　　)视图和局部剖视图。

8. 机件的某一部分向基本投影面投影而得的视图称为(　　)视图,其断裂边界应以波浪线表示。

9. 将零件向不平行于基本投影面的平面投射所得的视图称为(　　)。

10. 若斜视图不在投影方向的延长线上,应转正后画出并在其上方注明(　　)。

11. 画剖视图时剖面区域的轮廓形状的线型为(　　)。

12. 剖切面必须(　　)于剖视图所在的投影面,一般应通过内部结构(如孔、槽)的轴线或对称面。

13. 剖视图主要用于表达零件的(　　)结构形状。

14. 半剖视图主要用于内、外形状都需要表达的(　　)零件。

15. 可以实现无切削的毛坯种类是(　　)。

16. 回火能提高钢的(　　),使工件具有良好的综合力学性能。

17. 工件放在真空炉中淬火可以防止氧化和(　　)。

18. 钢材淬火时为了减少变形和避免开裂,需要正确选择方法、加热温度和(　　)。

19. 在普通黄铜中加入其他合金元素形成的合金称为(　　)。

20. 珠光体可锻铸铁的抗拉强度高于(　　)可锻铸铁的抗拉强度。

21. 正火能够代替中碳钢和低碳合金钢的(　　),改善组织结构和切削加工性能。

22. 高速钢铣刀的韧性虽然比硬质合金高,但不能用于(　　)切削。

23. 图样技术要求项中“热处理:C45”表示(　　)硬度为 HRC45。

24. 中碳钢调质处理后可获得良好的综合力学性能,其中(　　)钢应用最广。

25. 对于含碳量不大于 0.5%的碳钢,一般采用(　　)为预备热处理。

26. P 类硬质合金刀片适于加工长切屑的(　　)。

27. 金属粉末注射成型技术是将现代塑料喷射成型技术引入(　　)领域而形成的一门新型粉末冶金技术。

28. 中国使用粉末冶金和激光烧蚀进行金属(　　)制造歼-15舰载机的关键部件。

29. 合金钢按主要用途可分为合金结构钢、合金工具钢和(　　)三大类。

30. 调质钢的含碳量一般在0.25%～(　　)%之间。

31. 合金刃具钢分为低合金刃具钢和(　　)两类。

32. 合金结构钢又细分为普通低合金结构钢、合金渗碳钢、合金调质钢、合金弹簧钢和(　　)五类。

33. 三相对称电压就是三个频率相同、幅值相等、相位互差(　　)的三相交流电压。

34. 三相电源相线与中性线之间的电压称为(　　)。

35. 三相交流异步电动机分为鼠笼式和(　　)。

36. 旋转磁场由三相电流通过三相(　　)绕组。

37. 1969年,美国(　　)公司研制成功了世界上第一台可编程序逻辑控制器。

38. 近年来PLC技术正向着(　　)、仪表控制、计算机控制一体化方向发展。

39. 数控机床坐标系三坐标轴 X、Y、Z 及其正方向用右手定则判定,X、Y、Z 各轴的回转运动及其正方向 $+A$、$+B$、$+C$ 分别用(　　)螺旋法则判断。

40. 一般维修应包含两方面的含义:一是日常的维护,二是(　　)。

41. 数控机床的精度检查分为几何精度检查、定位精度检查和(　　)精度检查。

42. G41和G42、G40是一组指令,它们的功能是建立刀具半径补偿和(　　)刀具半径补偿。

43. 数控机床程序编制的方法有自动编程和(　　)。

44. 在数控铣床上加工整圆时,为避免工件表面产生刀痕,刀具从起始点沿圆弧表面的切线方向进入进行圆弧铣削加工;整圆加工完毕退刀时,顺着圆弧表面的(　　)方向退出。

45. 在精铣内外轮廓时,为改善表面粗糙度,应采用(　　)的进给路线加工方案。

46. 在FANUC系统中,使用返回参考点指令(　　)应取消刀具补偿功能,否则机床无法返回参考点。

47. 钨钴钛类硬质合金对冷热和冲击的敏感性较强,当环境温度变化较大时会产生(　　)。

48. 在FANUC系统中,深孔往复排屑钻(简称啄式钻孔)指令为(　　)。

49. 刃倾角是主切削刃与基面之间的夹角。对细螺旋齿铣刀来说,刃倾角等于刀齿的(　　)。

50. 铣削特形面的特形铣刀,前角一般为(　　),铣刀修磨后要保持前角不变,否则会影响其形状精度。

51. 铣削成形面时,铣削速度应根据铣刀切削部位(　　)处的切削速度进行选择。

52. 可转位铣刀刀具寿命长的主要原因是避免了(　　)。

53. 硬质合金可转位铣刀使用的四边形和三角形刀片有带后角和不带后角两种,不带后角的刀片用于(　　)铣刀。

54. 周铣加工具有硬皮的铸件、锻件毛坯时,不宜采用(　　)方式。

55. 右螺旋槽铰刀切削时向后排屑,适用于加工(　　)。

56. 增大圆柱铣刀的螺旋角 β 可使实际切削(　　)增大,改善排屑条件。

57. 铣削加工时,切削厚度随刀齿所在位置不同而(　　)。

58. 普通麻花钻的背吃刀量 a_p 等于(　　)工件已加工表面直径 d_m。

59. 浮动镗刀能自动补偿(　　),因而加工精度较高。

60. 加工曲面时,一般采用(　　)。

61. 水基切削液以冷却为主,油基切削液以(　　)为主。

62. 水基的切削液可分为乳化液、半合成切削液和(　　)切削液。

63. 润滑油闪点根据其测定方法不同分为开口闪点和(　　)两种。

64. 切削液的冷却性能和其导热系数、(　　)、汽化热以及黏度(或流动性)有关。

65. 切削加工中最常用的切削液有非水溶性和(　　)两大类。

66. 含有表面(　　)的水基切削液,清洗效果较好。

67. 乳化液是将乳化油用(　　)稀释而成。

68. 切削油中如果氯含量不足(　　),可以认为它不是为了提高润滑性。

69. 慢速切削要求切削液的润滑性要强,一般来说,切削速度低于 30 m/min 时使用(　　)。

70. 最高管理者应以(　　)为目的,确保顾客的需求和期望得以满足。

71. 环境管理体系文件中必须包括监测和(　　)校准记录。

72. 环境管理者代表由组织的(　　)任命。

73. 对于变更管理,组织应在(　　)识别在组织内、职业健康安全管理体系中或组织活动中与该变更相关的职业健康安全危险源和职业健康安全风险。

74. 职业健康安全管理体系文件应在保证活动的(　　)和效率的前提下尽可能少。

75. 对职业健康安全管理有关的工作标准、惯例、程序、法律法规要求的偏离称为(　　)。

76. 职业健康安全管理体系要求组织应界定其职业健康安全管理体系的(　　),并形成文件。

77. 如果在纠正措施或预防措施中识别出新的或变化的危险源,则程序应要求对拟定的措施在其实施(　　)进行风险评价。

78. 工作场所是指在组织控制下实施与工作相关的活动的(　　)物理地点。

79. 可确认的、由工作活动和(或)工作相关状况引起或加重的身体或精神的不良状态,就是(　　)。

80. 组织应建立、实施并保持程序,用于与(　　)就影响他们的职业健康安全的变更进行协商。

81. 拆画零件图时,零件的表达方案应根据零件的(　　)确定,而不能盲目照抄零件图。

82. 测绘零件时需了解分析零件的结构、确定表达方案、画草图、(　　)、填写其他内容。

83. 为实现机床的"零传动",将主轴电动机与机床主轴"合二为一"使主轴部件从机床的传动系统和整体结构中相对独立出来,因此可做成"主轴单元",俗称(　　)。

84. 数控铣床的进给驱动系统中将信号转换、传递、放大的装置是(　　)。

85. 数控铣床夹具最基本的组成部分是(　　)元件、夹紧装置和夹具体。

86. 当工件采用一面两孔定位时,相应的定位元件是支撑板、一圆柱销、一(　　)。

87. Cr17Ni2、1Cr28 属于难切削的(　　)不锈钢。

88. 冷硬铸铁硬度很高,毛坯表面粗糙,并存在砂眼、气孔等铸造缺陷,加工余量较大,粗加工时一般切削深度选得(　　)。

89. 定位误差由基准不重合误差和(　　)误差两部分组成。

90. 能消除工件 6 个自由度的定位方式,称为(　　)定位。

91. 工件的实际定位点数如不能满足加工要求,少于应有的定位点数,称为(　　)定位。

这在加工中是不允许的。

92. 刀具寿命是指刀具在两次重磨之间(　　)的总和。

93. 刀具材料越硬,耐磨性越(　　)。

94. 刀具磨损到一定程度后需要刃磨换新刀,需要规定一个合理的磨损限度,即为(　　)。

95. 对铝镁合金,为降低表面粗糙度值和提高刀具耐用度,建议采用(　　)方案。

96. 在数控编程时,使用刀具半径补偿指令后就可以按工件的(　　)进行编程,而不需按照刀具的中心线运动轨迹来编程。

97. 圆弧插补时,通常把与时钟走向(　　)的圆弧叫顺时针圆弧,反之称为逆时针圆弧。

98. 按(　　)的方式分类,数控机床可分为点位控制数控机床、直线控制数控机床和轮廓控制数控机床等三种。

99. 数控加工程序由若干程序段组成,每个程序段由若干个指令字组成,(　　)代表某一信息单元。

100. 数控程序中的每个指令字由地址符和数字组成,代表机床的一个位置或一个动作,指令字是程序中指令的(　　)。

101. 为了提高零件的(　　),对刀点应尽量选在零件的设计基准或工艺基准上。

102. 在轮廓控制中,为了保证一定的(　　)和编程方便,通常利用刀具长度和半径补偿功能。

103. 数控机床的(　　)是指绝对值编程和增量值编程的混合。

104. 编程时可将(　　)的程序编成子程序。

105. 数控机床自动编程有两种:APT 软件编程和(　　)软件编程。

106. 在数控编程时,是按照(　　)原点来进行编程,而不需按照刀具在机床中的具体位置。

107. 实现刀具(　　)的指令格式是 G00(G01)G41 位置指令 D01。

108. 数控机床有着不同的运动方式,编写程序时,我们总是一律假定工件不动、刀具运动,并规定刀具(　　)工件的方向为正。

109. 在 FANUC 系统中,子程序中出现(　　)程序段,则表示子程序结束返回主程序。

110. 普通数控铣床程序与(　　)编程的主要区别是换刀程序。

111. 在编制加工程序时,如果需要采用公制单位,准备功能后跟着的相对应的进给地址是(　)。

112. 数控机床中,用大字英文字母(　　)表示程序段号。

113. 数控机床中,用代码(　　)表示程序停止。

114. 用符号(　　)表示跳过此段程序,执行下一段。

115. 在机床面板上,用英文 MDI 表示(　　)。

116. 空运行主要是用来进行(　　)的时候为避免刀具 X 轴或 Z 轴和机床本体发生碰撞所使用的一种检验程序的方法。

117. 首件试切加工时应尽量(　　)快速进给速度。

118. X 坐标轴一般是(　　),与工件安装面平行,且垂直 Z 坐标轴。

119. 在固定循环返回动作中,用 G98 指定刀具返回(　　)。

120. 机床参数使用的正确与否直接影响机床的正常工作及机床性能的(　　)。

121. 在修改参数前必须进行(　　),防止系统调乱后不能恢复。

122. 在NC系统中,(　　)用于设定NC数控机床及辅助设备的规格和内容,以及加工操作中所必需的一些数据。

123. 与系统功能有关的(　　)直接决定了系统的配置和功能,设定错误可能会导致系统功能的丧失。

124. 位参数即二进制的"1"或"0",每位"1"或"0"可表示某个功能的(　　),也可表示不同功能形式的转换。

125. 宏程序编程也叫(　　)。

126. 在利用变量进行编程时,变量之间可以进行逻辑运算和(　　)。

127. 数控程序中含有变量的程序叫(　　)。

128. 在变量编程中,GT代表(　　)的意思。

129. 面铣刀的切削力的方向变化随着(　　)的不同将发生很大的变化。

130. 主偏角为90°的面铣刀主要产生(　　),作用在进给方向,这意味着被加工表面将不承受过多的压力,对于铣削刚性较差的工件是比较可靠的。

131. 在理想状况下,铣刀直径应比工件宽度大,铣刀轴心线应该始终和工件中心线稍微离开一些(　　)。

132. 铣削内轮廓侧面时,一般较难从轮廓曲线的切线方向切入、切出,此时应在区域相对较大的地方,用(　　)切向切入和切向切出的方法进行。

133. 在编制轮廓切削加工程序的场合,一般以工件的轮廓尺寸作为刀具轨迹进行编程,而实际的刀具运动轨迹则与(　　)有一偏移量,即刀具半径。

134. 在数控铣削加工中,大多数时候不能一次走刀把零件被加工面的所有余量全部清除,一般情况下会在零件的局部留下(　　)。

135. 精加工时,应选择较小的切削深度、进给量,(　　)的切削速度。

136. 插铣法又称为Z轴铣削法,是实现(　　)金属切削最有效的加工方法之一。

137. 数控机床加工的曲面要用许多小直线段去逼近,小直线段的(　　)与逼近允许的误差有关。

138. 采用球头刀铣削加工曲面,减小残留高度的办法是加大球头刀半径和(　　)。

139. 球头刀等步距加工半球面时,表面粗糙度最差的地方是(　　)。

140. 数控铣床刚性攻螺纹时,Z轴每转进给量F应该(　　)丝锥导程。

141. 镗刀是精密孔加工不可缺少的重要刀具,其加工孔的精度能达到(　　)级,表面粗糙度可达到0.8～1.6 μm。

142. 铰刀的公差最好选择被加工孔公差带中间(　　)左右的尺寸。

143. 钻头是用来在实体材料上钻削出通孔或(　　),并能对已有的孔扩孔的刀具。

144. 在深槽的数控铣削加工时,需加长铣刀的(　　)。

145. 锯片铣刀可以用于加工(　　)和切断工件,其圆周上有较多的刀齿。

146. 采用立铣刀铣削狭窄工件或深槽时,要确保有足够的(　　)与工件啮合。

147. 在立式数控铣床上采用立铣刀铣削圆柱表面上的螺旋槽,机床应至少要有(　　)个旋转轴。

148. 孔和轴的公差带大小和公差带位置组成了(　　)。

149. 与轴承配合的轴或轴承座孔的公差等级与轴承精度有关。与P0级精度轴承配合的轴，其公差等级一般为IT6，轴承座孔一般为（　　）。

150. 在尺寸链图中用首尾相接的单向箭头顺序表示各尺寸环，其中与封闭环箭头方向相反者为（　　）。

151. 铣床夹具底面上的定位键与工作台上T形槽宽度的配合性质是（　　）。

152. 加工轴、孔配合零件时，公差配合基准制一般优先选用（　　）。

153. 检验ϕ4H7的孔，可以选用的计量器具应该是（　　）。

154. 内测千分尺的两个测量爪的测量面形状都是（　　）。

155. 游标卡尺由主尺和附在主尺上能滑动的（　　）两部分构成。

156. 游标卡尺使用前，要查看游标和主尺身的零刻度线是否对齐。如没有对齐则要记取零误差，游标的零刻度线在尺身零刻度线右侧的叫（　　）。

157. 千分尺读数应从正面平视读，先读固定刻度，再读半刻度，最后读（　　）。

158. 设备三级保养包括（　　）、一级保养和二级保养。

159. 点检员的“七步工作法”是：调查现状、发现问题、制定计划、计划实施、措施保证、（　　）和巩固提高。

160. 设备保养维护的“三好”指对设备（　　）；“四会”指对设备会使用、会维护、会检查、会排除一般故障。

161. 设备的全过程管理（PDCA管理）包括：制定（　　）；按计划和标准实施点检和修理工程；检查实施结果，进行实绩分析；在实绩分析的基础上制定措施，自主改进。

162. 数控铣床的润滑系统在机床整机中占有十分重要的位置，不仅具有润滑作用，而且还具有（　　）。

163. 滚珠丝杠螺母副油脂封入量一般为其内部空间容积的1/3，封入的油脂过多会加剧运动部件的（　　）。

164. 数控铣床自动供油系统按供油方式不同，可分为（　　）系统和间歇供油系统。

165. 在机床调试阶段，启动液压系统时先判断（　　）转动方向是否正确。

166. 一般数控铣床的进给传动是采用交流伺服电机通过联轴器带动（　　）丝杆进行的。

167. 一般单向阀的作用是允许液压油向一个方向流动，不允许（　　）流动。

168. 压力继电器是利用液体的压力来启闭电气触点的液压电气转换元件。当系统压力达到压力继电器的调定值时，发出（　　），可用于安全保护、控制执行元件的顺序动作、用于泵的启闭等。

169. 调速阀一般是由节流阀和定差（　　）阀串联而成的。

170. 滚珠丝杠螺母副按其中的滚珠循环方式可分为（　　）两种。

171. 每个脉冲信号使机床运动部件沿坐标轴产生的一个最小位移叫（　　）。

172. 存储器用电池需定期检查和更换，最主要是为了防止（　　）丢失。

173. 水平仪是一种测量小角度的常用量具，常用于测量相对于水平位置的倾斜角、机床类设备导轨的直线度和（　　）、设备安装的水平位置和垂直位置等。

174. 检验铣床主轴定心轴颈的径向跳动方法：将百分表测量头垂直顶在主轴定心轴颈表面上，旋转主轴，百分表读数的（　　）就是径向跳动的误差。

175. 测量直线运动的检测工具有标准长度刻线尺、（　　）、测微仪、光学读数显微镜及激光干涉仪等。

176. 数控铣床在进行圆弧铣削精度检测时,采用立铣刀侧刃精铣试件的(　　)。

二、单项选择题

1. 标注时重要尺寸必须从设计基准(　　)。
(A)不注出　(B)间接注出　(C)直接注出　(D)无答案
2. 每个完整的尺寸一般由尺寸界线、尺寸数字、尺寸线终端、(　　)组成。
(A)分界线　(B)轮廓线　(C)尺寸线　(D)粗实线
3. 标准公差用以确定公差带的大小,国家标准共规定了(　　)个等级。
(A)10　(B)20　(C)30　(D)40
4. 基本偏差是指用以确定公差带相对于零线的位置的上偏差或下偏差,一般为(　　)零线的那个偏差。
(A)相交　(B)远离　(C)重合　(D)靠近
5. 径向全跳动公差带的形状和(　　)公差带形状相同。
(A)圆度　(B)同轴度　(C)圆柱度　(D)位置度
6. 滚动轴承 $\phi30$ 的内圈与 $\phi30k6$ 的轴颈配合形成(　　)。
(A)间隙配合　(B)过盈配合　(C)过渡配合　(D)无答案
7. 局部剖视图选用的是(　　)剖切面。
(A)单一　(B)几个平行的　(C)几个相交的　(D)其他
8. 局部放大图的标注中,若被放大的部分有几个,应用(　　)数字编号,并在局部放大图上方标注相应的数字和采用的比例。
(A)希腊　(B)阿拉伯　(C)罗马　(D)中国
9. 将机件的部分结构用(　　)原图形所采用的比例画出的图形,称为局部放大图。
(A)小于　(B)大于　(C)等于　(D)改变
10. 下列说法错误的是(　　)。
(A)局部放大图可画成剖面图
(B)局部放大图应尽量配置在被放大部位的附近
(C)局部放大图与被放大部分的表达方式无关
(D)绘制局部放大图时,可以不用细实线圈出被放大部分的部位
11. 机械制图缩小比例是(　　)。
(A)1∶1　(B)2.5∶1　(C)1∶1.5　(D)3∶2
12. 识读装配图,先(　　)。
(A)识读标题栏　(B)看视图配置　(C)看标注尺寸　(D)看技术要求
13. 剖切位置用剖切符号表示,即在剖切平面的起止处各画一(　　),此线尽可能不与形体的轮廓线相交。
(A)长粗实线　(B)短粗实线　(C)短细实线　(D)长细实线
14. 投影方向用(　　)箭头表示,箭头画在剖切位置线的两端。剖视名称用相同的数字或字母依次注写在剖切符号的附近,并一律水平书写,而在相应的剖视图的下方(或上方)注出相同的两个数字或字母,中间加一横线。
(A)细实线　(B)粗实线　(C)虚线　(D)点画线

15. 结构钢中有害的元素是(　　)。

(A)锰　(B)硅　(C)磷　(D)铬

16. Q235-A·F 中的 Q 表示(　　)。

(A)青铜　(B)轻金属　(C)球铁　(D)屈服点

17. 下列属于冷作模具钢的是(　　)。

(A)Cr12　(B)9SiCr　(C)W18Cr4V　(D)5CrMnMo

18. 铁素体—珠光体灰铸铁的组织是(　　)。

(A)铁素体+片状石墨　(B)铁素体+球状石墨

(C)铁素体+珠光体+片状石墨　(D)珠光体+片状石墨

19. 可锻铸铁的含硅量为(　　)。

(A)1.2%～1.8%　(B)1.9%～2.6%

(C)2.7%～3.3%　(D)3.4%～3.8%

20. QT500-7 中的 QT 表示(　　)。

(A)青铜　(B)轻铜　(C)青铁　(D)球铁

21. 钢经过淬火热处理可以(　　)。

(A)降低硬度　(B)提高硬度　(C)降低强度　(D)提高塑性

22. 回火是将淬火钢加热到(　　)某一温度,保温一段时间,然后冷却至室温的热处理工艺。

(A)Ac_3 以上　(B)Acm 以下　(C)Ac_1 以下　(D)Ac_1 以上

23. 化学热处理是将工件置于一定的(　　)中保温,使一种或几种元素渗入工件表面改变其化学成分,从而使工件获得所需组织和性能的热处理工艺。

(A)耐热材料　(B)活性介质　(C)冷却介质　(D)保温介质

24. 下列属于超硬铝合金的牌号是(　　)。

(A)5A02(LF12)　(B)2A11(LY11)

(C)7A04(LC4)　(D)2A70(LD7)

25. 聚乙烯塑料属于(　　)。

(A)热塑性塑料　(B)冷塑性塑料　(C)热固性塑料　(D)热柔性塑料

26. 丁苯橡胶的代号是(　　)。

(A)NR　(B)SBR　(C)CR　(D)FPM

27. 下列不能作刀具材料的是(　　)。

(A)碳素工具钢　(B)碳素结构钢　(C)合金工具钢　(D)高速钢

28. 常用的高速钢牌号是(　　)。

(A)YG8　(B)A3　(C)W18Cr4V　(D)20

29. 硬质合金的特点是耐热性(　　),切削效率高,但刀片强度、韧性不及工具钢,焊接刃磨工艺性较差。

(A)好　(B)差　(C)一般　(D)不确定

30. 常用的硬质合金牌号是(　　)。

(A)YG3　(B)T12　(C)35　(D)W6Mo5Cr4V2

31. 含碳量在 0.25%～0.60%之间的碳素钢为(　　)。

(A)低碳钢 (B)中碳钢 (C)高碳钢 (D)灰铸铁

32. QT400-15,其中 400 表示( )。

(A)抗拉强度 (B)屈服强度 (C)抗冲击强度 (D)最低抗拉强度

33. 若要求三相负载中各相电压均为电源相电压,则负载应接成( )。

(A)三角形连接 (B)星形无中线 (C)无答案 (D)星形有中线

34. 在三相四线制供电线路中,三相负载越接近对称负载,中线上的电流( )。

(A)越大 (B)不变 (C)越小 (D)无答案

35. 6 kW 的三相异步电动机应连接成( )。

(A)三角形 (B)无答案 (C)星形 (D)正方形

36. 国内外 PLC 各生产厂家都把( )作为第一用户编程语言。

(A)指令表 (B)梯形图 (C)逻辑功能图 (D)C 语言

37. 利用简易编程器进行 PLC 编程、调试、监控时,必须将梯形图转化成( )。

(A)C 语言 (B)指令语句表 (C)功能图编程 (D)高级编程语言

38. 编程中将串联接点较多的电路放在梯形图的( )。

(A)左边 (B)上方 (C)右边 (D)下方

39. 数控铣床坐标命名规定,工作台纵向进给方向定义为( )轴,其他坐标及各坐标轴的方向按相关规定确定。

(A)X (B)Y (C)Z (D)C

40. 在数控铣床上,刀具从机床原点快速位移到编程原点上应选择( )指令。

(A)G02 (B)G03 (C)G04 (D)G00

41. 物体通过直线、圆弧、圆以及样条曲线等来进行描述的建模方式是( )。

(A)实体建模 (B)线框建模 (C)表面建模 (D)三维建模

42. 数控铣床在进给系统中采用步进电机,步进电机按( )转动相应角度。

(A)电流变动量 (B)电容变动量 (C)电脉冲数量 (D)电压变化量

43. 刀库回零时,( )回零。

(A)可从两个方向 (B)无答案

(C)可从任意方向 (D)只能从一个方向

44. 对于多坐标数控加工(泛指四、五坐标数控加工),一般只采用( )。

(A)圆弧插补 (B)线性插补 (C)抛物线插补 (D)螺旋线插补

45. 辅助功能指令 M05 代表( )。

(A)主轴顺时针旋转 (B)主轴逆时针旋转

(C)主轴断开 (D)主轴停止

46. 数控编程指令 G42 代表( )。

(A)刀具长度补偿 (B)刀具半径左补偿

(C)刀具半径右补偿 (D)刀具半径补偿撤销

47. 切削用量的选择原则是:粗加工时,一般( ),最后确定一个合适的切削速度 v。

(A)应首先选择尽可能大的背吃刀量 a_p,其次选择较小的进给量 f

(B)应首先选择尽可能小的背吃刀量 a_p,其次选择较大的进给量 f

(C)应首先选择尽可能大的背吃刀量 a_p,其次选择较大的进给量 f

(D)应首先选择尽可能小的背吃刀量 a_p,其次选择较小的进给量 f

48. 铣刀初期磨损的快慢和( )及铣刀的刃磨质量有关。

(A)铣刀材料 (B)铣刀结构 (C)铣刀角度 (D)铣刀使用

49. 钻削时的切削热大部分由( )传散出去。

(A)刀具 (B)工件 (C)切屑 (D)空气

50. 有些高速钢铣刀或硬质合金铣刀的表面涂敷一层钛化物或钽化物等物质,其目的是( )。

(A)使刀具更美观 (B)切削时降低刀具的温度

(C)抗冲击 (D)提高刀具的耐磨性

51. 铣削外轮廓,为避免切入/切出产生刀痕,最好采用( )。

(A)法向切入/切出 (B)切向切入/切出

(C)斜向切入/切出 (D)直线切入/切出

52. 通常用球刀加工比较平滑的曲面时,表面粗糙度的质量不会很高。这是因为( )造成的。

(A)行距不够密 (B)步距太小

(C)球刀刀刃不太锋利 (D)球刀尖部的切削速度几乎为零

53. 按一般情况制作金属切削刀具时,硬质合金刀具的前角( )高速钢刀具的前角。

(A)大于 (B)等于 (C)小于 (D)以上三种都有可能

54. 选择粗基准时,重点考虑如何保证各加工表面( ),使不加工表面与加工表面间的尺寸和位置符合零件图要求。

(A)对刀方便 (B)切削性能好 (C)进/退刀方便 (D)有足够的余量

55. 周铣时用( )方式进行铣削,铣刀的耐用度较高,获得加工面的表面粗糙度值较小。

(A)对称铣 (B)逆铣 (C)顺铣 (D)不对称铣

56. 在数控加工中,刀具补偿功能除对刀具半径进行补偿外,在用同一把刀进行粗、精加工时,还可进行加工余量的补偿。设刀具半径为 r,精加工时半径方向的余量为 Δ,则粗加工走刀的半径补偿量为( )。

(A)$r+\Delta$ (B)r (C)Δ (D)$2r+\Delta$

57. 数控机床一般采用机夹刀具,与其他形式刀具相比,机夹刀具有很多特点,下列不属于机夹刀具特点的是( )。

(A)刀具要经常进行重新刃磨

(B)刀片和刀具几何参数和切削参数的规范化、典型化

(C)刀片及刀柄高度的通用化、规则化、系列化

(D)刀片及刀具的耐用度及其经济寿命指标的合理化

58. 铣削平面零件的外表面轮廓时,常采用沿零件轮廓曲线的延长线切向切入和切出零件表面,以便于( )。

(A)提高效率 (B)减少刀具磨损

(C)提高精度 (D)保证零件轮廓光滑

59. 水溶性润滑剂含有( )。

(A)聚乙烯醇　(B)亚硝酸钠　(C)二甲基硅油　(D)苯酚

60. 极压添加剂含有(　　)等有机化合物。

(A)钾　(B)砷　(C)硅　(D)硫

61. 非皂基脂的稠化剂含有(　　)填充料。

(A)苯酚　(B)乙醇　(C)石墨　(D)丙二醇

62. 下列不是质量管理体系审核依据的是(　　)。

(A)ISO 9001 标准和法律法规　(B)质量管理体系文件

(C)ISO 9004 标准　(D)合同

63. 致力于增强满足质量要求的能力的活动是(　　)。

(A)质量策划　(B)质量保证　(C)质量控制　(D)质量改进

64. 重要环境因素是指具有或可能具有(　　)。

(A)环境影响的环境因素　(B)潜在环境影响的环境因素

(C)较大环境影响的环境因素　(D)重大环境影响的环境因素

65. GB/T 28001—2011 标准旨在针对的是(　　)。

(A)职业健康安全　(B)员工健身或健康计划

(C)产品安全　(D)财产损失或环境影响

66. 从根本上消除或降低职业健康安全风险的措施可以是(　　)。

(A)对与风险有关的活动制定程序,并保持实施

(B)建立并保持程序,用于工作场所、过程、装置、机械、运行程序和工作组织的设计

(C)建立应急准备与响应计划和程序

(D)对职业健康安全绩效进行常规监视和测量

67. 组织建立并保持应急准备与响应计划和程序的目的是(　　)。

(A)对危险源进行全面的辨识和评价

(B)彻底消除各种事故

(C)开展运行控制

(D)为了预防和减少潜在的事件或紧急情况可能引发的疾病和伤害

68. 对于拟定的纠正和预防措施,在实施前应先进行(　　)。

(A)向相关方通报　(B)预评审

(C)风险评价　(D)协商交流

69. 在铣一个轴套时,先以内孔为基准铣外圆,再以外圆为基准铣内孔,这是遵循(　　)的原则。

(A)基准重合　(B)基准统一　(C)自为基准　(D)互为基准

70. 选择加工表面的设计基准作为定位基准称为(　　)。

(A)基准统一原则　(B)互为基准原则

(C)基准重合原则　(D)自为基准原则

71. 球头铣刀的球半径(　　)所加工凸曲面的曲率半径。

(A)小于　(B)大于　(C)等于　(D)A、B、C 都可以

72. 刀具(　　)的优劣,主要取决于刀具切削部分的材料、合理的几何形状以及刀具寿命。

(A)加工能力　(B)工艺性能　(C)切削性能　(D)经济性能

73. 为保证工件各相关面的位置精度,减少夹具的设计与制造成本,应尽量采用(　　)。

(A)基准统一　(B)互为基准　(C)自为基准　(D)基准重合

74. 在铣床上铣削蜗杆,由于螺旋面产生了干涉现象,加工后蜗杆的(　　)误差较大。

(A)齿距　(B)齿形　(C)模数　(D)螺旋升角

75. 铣削特形面的特形铣刀,前角一般为(　　),铣刀修磨后要保持前角不变,否则会影响其形状精度。

(A)0°　(B)－5°　(C) 5°　(D)10°

76. 主轴锥孔中心线的径向跳动量超过允差,则会影响(　　)。

(A)加工表面的平面度　(B)铣削力的增大

(C)铣刀使用寿命　(D)机床寿命

77. 在装配图上分析零件时,首先应当研究主要零件,根据零件编号按(　　)找到零件的图形。

(A)装配关系　(B)相互连接尺寸

(C)尺寸线　(D)指引线

78. 在装配图中,非接触面用两条线表示,接触面则用(　　)表示。

(A)一条线　(B)两条线　(C)三条线　(D)剖面线

79. 通常夹具的制造误差应是工件在该工序中允许误差的(　　)。

(A)1～2 倍　(B)1/100～1/10

(C)1/5～1/3　(D)0.5

80. 下列条件中,(　　)是单件生产的工艺特征。

(A)广泛使用专用设备　(B)有详细的工艺文件

(C)广泛采用夹具进行安装定位　(D)使用通用刀具和万能量具

81. 在夹具中,(　　)装置用于确定工件在夹具中的位置。

(A)定位　(B)夹紧　(C)辅助　(D)调整

82. 在数控机床上使用的夹具,最重要的是(　　)。

(A)夹具的刚性好　(B)夹具上有对刀基准

(C)夹具的精度高　(D)夹具的材料

83. 在刀具材料中,(　　)的耐热性最高。

(A)金刚石　(B)高速钢　(C)硬质合金　(D)陶瓷

84. 在刀具材料中,(　　)的抗弯强度最差。

(A)金刚石　(B)高速钢　(C) 硬质合金　(D)陶瓷

85. 铣削难加工材料,衡量铣刀磨损程度时,是以刀具的(　　)磨损为准。

(A)前刀面　(B)后刀面　(C)主切削刃　(D)前倾角

86. 刀具磨损后,刀刃变钝,切削作用减小,推挤作用增大,切削层金属的(　　)增加,产生的热量增多。

(A)弹性变形　(B)塑性变形

(C)切屑与前刀面的摩擦　(D)后刀面与已加工面的摩擦

87. 在数控编程时,使用(　　)指令后,就可以按工件的轮廓尺寸进行编程,而不需按照刀具的中心线运动轨迹来编程。

(A)刀具半径补偿　(B)程序半径补偿
(C)轮廓半径补偿　(D)刀具长度补偿

88. ALTER 用于(　　)已编辑的程序号或程序内容。

(A)插入　(B)修改　(C)删除　(D)清除

89. 在 FANUC 系统中,G17 表示(　　)功能。

(A)坐标系平移和旋转　(B)英寸制输入
(C)XY 平面指定　(D)Z 轴刀具长度补偿

90. 下列(　　)指令是指定 ZX 平面。

(A)G18　(B)G19　(C)G17　(D)G20

91. "计算机集成制造系统"的英文简写是(　　)。

(A)FMS　(B)CIMS　(C)CMC　(D)CAM

92. 下列 G 代码中,(　　)指令为模态 G 代码。

(A)G03　(B)G27　(C)G52　(D)G92

93. DELETE 键用于(　　)已编辑的程序或内容。

(A)插入　(B)修改　(C)删除　(D)取消

94. 在数控编程代码中,所谓模态指令就是由前面程序段指定的某些 G 功能和 M、S、T、F 功能,欲使其在本程序段中仍然有效,(　　)省略。

(A)可以　(B)不可以　(C)不一定　(D)看功能再定

95. M06 表示(　　)。

(A)刀具锁紧状态指示　(B)主轴定向指示
(C)换刀指示　(D)刀具交换错误警示

96. 偏置 XY 平面由(　　)指令执行。

(A)G17　(B)G18　(C)G19　(D)G20

97. 在数控编程过程中,正确地对刀具进行半径补偿很有必要,但及时地用(　　)取消也不可缺少。

(A)G40　(B)G41　(C)G42　(D)G49

98. FANUC 系统中,下列指令不能设立工件坐标系的是(　　)。

(A)G54　(B)G92　(C)G55　(D)G91

99. FANUC 系统中,下列(　　)指令不能取消刀具补偿。

(A)G49　(B)G40　(C)H00　(D)G42

100. FANUC 系统中,程序中指定刀具长度补偿值的代码是(　　)。

(A)G　(B)D　(C)H　(D)M

101. FANUC 系统中,程序中用于刀具半径补偿的指令为(　　)。

(A)G　(B)D　(C)H　(D)M

102. FANUC 系统中,通过刀具的当前位置来设定工件坐标系时用(　　)指令实现。

(A)G54　(B)G55　(C)G92　(D)G52

103. 计算机数字控制的机床,用符号(　　)表示。

(A)NC　(B)CNC　(C)PLC　(D)MC

104. 取消工件坐标系的零点偏置，下列(　　)指令不能达到目的。

(A)M30　　(B)M02　　(C)G52X0Y0Z0　　(D)M00

105. 对整圆编写程序时，可用(　　)来确定圆弧的中心。

(A)I、J、K　　(B)R　　(C)I、J、K或R　　(D)以上都不对

106. FANUC系统中，下列(　　)指令是不能指令偏置轴的。

(A)G18　　(B)G20　　(C)G17　　(D)G19

107. FANUC系统的G53指令在(　　)方式下有效。

(A)G91　　(B)G90　　(C)G91或G90　　(D)其他

108. 英文缩写CNC是指(　　)。

(A)计算机数字控制装置　　(B)可编程控制器

(C)计算机辅助设计　　(D)主轴驱动装置

109. 实体键槽属于(　　)建模方式。

(A)体素特征　　(B)成形特征　　(C)参考特征　　(D)扫描特征

110. 旋转体属于(　　)建模方式。

(A)体素特征　　(B)成形特征　　(C)参考特征　　(D)扫描特征

111. 数控机床中，用代码M02表示(　　)。

(A)程序停止　　(B)程序暂停　　(C)程序开始　　(D)程序启动

112. 数控机床每次接通电源后在运行前首先应做的是(　　)。

(A)给机床各部分加润滑油　　(B)检查刀具安装是否正确

(C)机床各坐标轴回参考点　　(D)工件是否安装正确

113. 在"机床锁定"(FEED HOLD)方式下进行自动运行，(　　)功能被锁定。

(A)进给　　(B)刀库转位　　(C)主轴　　(D)机床全部运动件

114. 切削金属材料时，在切削速度较低、切削厚度较大、刀具前角较小的条件下，容易形成(　　)。

(A)挤裂切屑　　(B)带状切屑　　(C)崩碎切屑　　(D)粉末状屑

115. 在轮廓加工中，当零件轮廓有拐角时，刀具容易产生"超程"，解决的办法是在编程时，当接近拐角前适当地(　　)进给速度，过拐角后再逐渐恢复。

(A)增加　　(B)降低　　(C)不变　　(D)任意改变

116. 数控加工中(　　)适用于高、深的三维曲面工件的粗加工。

(A)垂直插铣　　(B)等高层铣　　(C)平行加工　　(D)仿形加工

117. 可由CNC铣床操作者执行选择性程序停止的指令是(　　)。

(A)M00　　(B)M01　　(C)M03　　(C)M04

118. 在CNC铣床铣削工件中，若工件表面太粗糙，宜调整(　　)。

(A)补正(OFFSET)按钮　　(B)快速(RAPID)开关

(C)空跑(DRY RUN)开关　　(D)进给率(FEED RATE)开关

119. 下列指令中，(　　)是暂停指令。

(A)G09　　(B)G03　　(C)G10　　(D)G04

120. 手动指令输入时，使用(　　)。

(A)读带机　　(B)打带机　　(C)操作面板　　(D)DNC适配卡

121. 铰削中如有振动现象,与(　　)无关。

(A)铰削量太大　　(B)铰削速度太快

(C)工作台、虎钳与工件固定不良　　(D)切削液太多

122. 在 SIEMENS 系统中,参数号 R100~R249 属于(　　)。

(A)加工循环传递参数　　(B)加工循环内部计算参数

(C)自由参数　　(D)刀具补偿参数

123. 在 FANUC 系统变量使用中,下列格式正确的是(　　)。

(A)0#1　　(B)/#2G00X100.1

(C)N#3X200.0　　(D)#5=#1-#3

124. 程序无误,但在执行时所有的 X 移动方向对程序原点而言皆相反,下列原因最有可能的是(　　)。

(A)发生警报　　(B)X 轴设定参数被修改过

(C)未回归机械原点　　(D)深度补正符号相反

125. 插补铣削整圆时,出现圆柱度误差时可以通过(　　)对其调整。

(A)调整刀具半径补偿　　(B)调整刀具长度补偿

(C)调整插补程序　　(D)调整参数

126. 切削参数中(　　)对产生切削瘤影响最大。

(A)进给速度　　(B)切削深度　　(C)切削速度　　(D)刀具几何参数

127. 数控系统所规定的最小设定单位就是(　　)。

(A)数控机床的运动精度　　(B)机床的加工精度

(C)脉冲当量　　(D)数控机床的传动精度

128. #1~#33 是局部变量,局部变量只在(　　)起作用。

(A)本程序内　　(B)所有程序内　　(C)本次断电前　　(D)本次关机前

129. FANUC 系统中,G68 指令段中 R 参数表示(　　)。

(A)半径　　(B)角度　　(C)比例　　(D)锥度

130. 数控系统中 PLC 控制程序实现机床的(　　)。

(A)位置控制　　(B)各执行机构的逻辑顺序控制

(C)插补控制　　(D)各进给轴轨迹和速度控制

131. FANUC 系统的固定循环指令 G73 X_Y_Z_R_Q_F_中,"Q"表示(　　)。

(A)每次进给深度　　(B)初始点坐标或增量

(C)每次退刀量　　(D)刀具位移量

132. 逆铣时,铣刀的旋转方向和切削的进给方向是相反的,铣刀在开始切削之前必须在工件上滑移一段,以切削厚度为零开始,到切削结束时切削厚度(　　)。

(A)不能确定　　(B)不变　　(C)达到最小　　(D)达到最大

133. 采用适合于加工工序的正确的铣刀齿距,以确保在切削时没有太多的刀片同时与工件啮合而引起(　　)。

(A)尺寸超差　　(B)刀具破损　　(C)振动　　(D)毛刺

134. 对提高铣削平面的表面质量无效的方法是(　　)。

(A)降低进给速度　　(B)使用刀具半径补偿

(C)提高主轴转速　　(D)减小切削深度

135. 加工带台阶的大平面要用主偏角为(　　)的面铣刀。

(A)90°　　(B)60°　　(C)45°　　(D)30°

136. 在立式铣床上利用回转工作台铣削工件的圆弧面时,当找正圆弧面中心与回转工作台中心重合时,应转动(　　)。

(A)工作台　　(B)主轴　　(C)回转工作台　　(D)纵向手轮

137. 铣削加工时,为了减小工件表面粗糙度 R_a 值,应该采用(　　)。

(A)顺铣　　(B)逆铣

(C)顺铣和逆铣都一样　　(D)依被加工表面材料决定

138. 直径为 8 mm 的高速钢立铣刀铣削铸铁件时,主轴转速为 1 100 r/min,切削速度为(　　)。

(A)80 m/min　　(B)40 m/min　　(C)28 m/min　　(D)75 m/min

139. 采用球头刀铣削加工曲面,减小残留高度的办法是(　　)。

(A)减小球头刀半径和加大行距　　(B)减小球头刀半径和减小行距

(C)加大球头刀半径和减小行距　　(D)加大球头刀半径和加大行距

140. 在等误差法直线段逼近的节点计算中,任意相邻两节点间的逼近误差为(　　)误差。

(A)间距直线　　(B)弧长　　(C)等　　(D)圆弧逼近

141. 进行曲面精加工,下列方案最为合理的是(　　)。

(A)球头刀环切法　　(B)球头刀行切法

(C)立铣刀环切法　　(D)立铣刀行切法

142. 球头刀等步距加工半球面时,表面粗糙度最差的地方是(　　)。

(A)顶部　　(B)底部　　(C)45°处　　(D)60°处

143. 一次装夹加工箱体零件的四侧面及侧面孔系,下列选项宜选用的是(　　)。

(A)带 A 轴的立式数控铣床　　(B)带 B 轴的卧式数控铣床

(C)带 C 轴的立式数控铣床　　(D)带 A 轴的卧式数控铣床

144. 普通数控铣床的镗孔加工精度等级一般可以达到(　　)。

(A)高于 IT3　　(B)IT3～IT5　　(C)IT6～IT8　　(D) IT9～IT11

145. 螺纹公称直径为 D,螺距 $P>1$,攻螺纹前钻底孔的钻头直径约为(　　)。

(A)$D-P$　　(B)$D-1.1P$　　(C)$D-1.2P$　　(D)$D-1.3P$

146. 加工 ϕ8H7 孔,采用钻、铰的加工方案,则铰孔前钻底孔的钻头直径约为(　　)。

(A)ϕ7.5　　(B)ϕ7.6　　(C)ϕ7.7　　(D)ϕ7.8

147. 在深槽的数控铣削加工时,需使用长刃型铣刀,由于刀具的挠度较大,刀具易发生(　　)并导致刀具折损。

(A)伸缩　　(B)超差　　(C)振动　　(D)位移

148. 在深槽的数控铣削加工时,假如只需刀具端部相近的刀刃参加切削,则最好选用刀具总长度较长的(　　)铣刀。

(A)短刃长柄型　　(B)短刃短柄型　　(C)长刃短柄型　　(D)长刃长柄型

149. 深槽零件加工中,刀痕和振动是影响(　　)的主要原因。

(A)圆度　　(B)刀具装夹误差

(C)机床的几何精度　　(D)表面粗糙度

150. 直径为 10 mm 的 3 齿立铣刀铣削钢件时，推荐每齿进给量 $F_z=0.02$ mm/齿，主轴转速为 800 r/min，进给速度 F 为(　　)。

(A)80 mm/min　　(B)48 mm/min　　(C)16 mm/min　　(D)8 mm/min

151. ϕ40H7/f6 配合性质是(　　)。

(A)间隙配合　　(B)过渡配合　　(C)过盈配合　　(D)不能确定

152. 火车轮的轮圈与轮毂的配合就是用温差法进行过盈装配，可以选择(　　)。

(A)H7/d6　　(B)H7/h6　　(C)H7/k6　　(D)H7/z6

153. ϕ35F8 与 ϕ20H9 两个公差等级中，(　　)的精确程度高。

(A)ϕ20H9　　(B)ϕ35F8　　(C)相同　　(D)无法确定

154. 工件材料是钢，欲加工一个槽宽尺寸为 12N8、深度为 4 mm 的键槽，键槽侧面表面粗糙度为 1.6 mm，下面方法最好的是(　　)。

(A)ϕ12 键槽铣刀一次加工完成

(B)ϕ12 键槽铣刀分粗精加工两遍完成

(C)ϕ10 键槽铣刀沿中线直铣一刀然后精加工两侧面

(D)ϕ5 键槽铣刀顺铣一圈一次完成

155. 孔的轴线与端面的垂直度属于孔的(　　)。

(A)尺寸精度　　(B)形状精度　　(C)位置精度　　(D)表面粗糙度

156. 游标万能角度尺的分度值通常为(　　)。

(A)1′　　(B)2′　　(C)3′　　(D)4′

157. 游标卡尺的零误差为－0.1 mm，游标卡尺直接读得的结果为 20.45 mm，那么物体的实际尺寸为(　　)。

(A)20.55 mm　　(B)20.45 mm　　(C)20.35 mm　　(D)20.25 mm

158. 外径千分尺对零时的读数为－0.01mm，则当测量工件的读数为 49.95 mm 时，工件的实际尺寸应为(　　)。

(A)49.94 mm　　(B)49.95 mm　　(C)49.96 mm　　(D)49.97 mm

159. 用三针法测量螺纹中径的测量方法属于(　　)。

(A)相对测量　　(B)在线测量　　(C)综合测量　　(D)间接测量

160. 详细确定设备应检查的部位、项目及内容，做到有目的、有方向地实施点检作业，是属于设备管理“五定”内容的(　　)。

(A)定期　　(B)定法　　(C)定标　　(D)定点

161. 设备点检表的编制应根据设备进行分类，依据设备的(　　)、操作规程等，制定详细的点检周期、点检内容。

(A)说明书　　(B)工艺文件　　(C)质量保证书　　(D)合同

162. 设备劣化的主要表现形式有：(　　)、金属组织和性质变化、疲劳裂纹、腐蚀以及绝缘损坏等。

(A)环境污染　　(B)加工程序错误

(C)机械磨损　　(D)刀具磨损

163. 点检定修制提出设备的“四保持”是：保持设备的外观整洁，保持设备的(　　)，保持设备的性能和精度，保持设备的自动化程度。

(A)动力充裕　(B)结构完整　(C)功能强大　(D)工具齐全

164. 目前，数控铣床油液润滑系统的供油方式一般采用(　　)系统。

(A)连续供油　(B)间歇供油　(C)变量供油　(D)变频供油

165. 数控铣床控制顺序动作和加工过程的核心装置是(　　)。

(A)数控系统　(B)伺服驱动　(C)操作面板　(D)接触器

166. 数控机床的滚珠丝杠的预紧力不够、导轨副过紧或松动等将导致丝杠反向间隙(　　)。

(A)不好判断　(B)减小　(C)不变　(D)增大

167. 丝杠螺母副是数控铣床进给系统机械传动结构的(　　)。

(A)传动机构　(B)执行件

(C)运动变换机构　(D)导向机构

168. 压力继电器在液压系统中的连接方式是(　　)在油路中。

(A)串联　(B)并联　(C)旁通　(D)串、并联混合

169. 液压系统是以液压泵作为系统提供一定的流量和压力的动力元件，执行元件是(　　)。

(A)换向阀　(B)液压泵　(C)液压马达　(D)液压缸

170. 数控铣床中把脉冲信号转换成机床移动部件运动的组成部分称为(　　)。

(A)控制介质　(B)数控装置　(C)伺服系统　(D)机床本体

171. 液压回路主要由动力部分、控制部分和(　　)部分构成。

(A)换向　(B)执行机构　(C)调压　(D)检测

172. 数控伺服系统在(　　)处拾取反馈信息，该系统属于闭环伺服系统。

(A)旋转仪　(B)转向器　(C)速度控制器　(D)工作台

173. 伺服电动机驱动电路实际上是一个(　　)。

(A)功率放大器　(B)脉冲电源

(C)脉冲信号发生器　(D)直流电源

174. 数控伺服系统在电动机轴端拾取反馈信息，该系统属于(　　)。

(A)开环伺服系统　(B)半闭环伺服系统

(C)闭环伺服系统　(D)定环伺服系统

175. 检验铣床主轴的径向跳动，应选用的检验工具是(　　)。

(A)百分表和检验棒　(B)千分尺和角度

(C)百分表和卡尺　(D)千分尺和检验棒

176. 数控机床的(　　)，是指所测机床运动部件在数控系统控制下运动时所能达到的位置精度。

(A)几何精度　(B)切削精度　(C)尺寸精度　(D)定位精度

177. 激光干涉仪是在机床处于(　　)状态下对机床的定位精度进行测量。

(A)静止　(B)运动　(C)加工　(D)待机

178. 数控铣床孔系加工时，对孔距误差影响最大的是机床的(　　)。

(A)定位精度　(B)几何精度　(C)尺寸精度　(D)表面精度

179. 数控铣床几何精度的检测与普通铣床几何精度的检测相比,使用的检测工具和方法(　　)。

(A)完全相同　(B)完全不同　(C)基本相同　(D)不能比较

三、多项选择题

1. 尺寸基准一般选择零件上(　　)。

(A)较大的加工面　(B)两零件的结合面

(C)零件的对称面　(D)重要的平面

2. 机械零件图纸上标注的尺寸,尺寸基准有(　　)。

(A)理论基准　(B)设计基准　(C)加工基准　(D)工艺基准

3. 下列不能作为比较加工难易程度高低根据的是(　　)。

(A)公差值　(B)公差等级系数

(C)公差单位　(D)基本尺寸

4. 下列各组配合中,配合性质相同的有(　　)。

(A)ϕ30P8/h7　(B)ϕ30H7/f6　(C)ϕ30H8/p7　(D)ϕ30H8/m7

5. 下列属于位置公差的有(　　)。

(A)圆度　(B)平面度　(C)同轴度　(D)端面全跳动

6. 如果某轴一横截面实际轮廓由直径分别为ϕ40.05 mm和ϕ40.03 mm的两个同心圆包容而形成最小包容区域,则该横截面的圆度误差不正确的有(　　)。

(A)0.02 mm　(B)0.04 mm　(C)0.01 mm　(D)0.015 mm

7. 视图是按照有关国家标准和规定用正投影法绘制的图形,可分为(　　)。

(A)基本视图　(B)局部视图　(C)斜视图　(D)旋转视图

8. 利用局部视图可以减少基本视图的数量,补充没有表达清楚的部分,下列有关局部视图表述不正确的有(　　)。

(A)自成封闭时是完整的基本视图　(B)数列时是完整的基本视图

(C)不完整的基本视图　(D)能够表达所有信息

9. 下列可以作为零件尺寸基准的有(　　)。

(A)对称面　(B)端面　(C)底面　(D)轴线

10. 回转体截平面形成交线的形状取决于(　　)。

(A)回转体的表面形状　(B)截平面与回转体的相对位置

(C)截平面的空间位置　(D)截平面的大小

11. 画斜视图的注意事项有(　　)。

(A)斜视图的断裂边界用波浪线或双折线表示

(B)斜视图通常按投射方向配置和标注

(C)允许将斜视图旋转配置,但需在斜视图上方注明

(D)标注时字母靠近箭头端,符号方向与旋转方向一致

12. 剖视图的剖切方法可分为全剖、半剖、局部剖、(　　)。

(A)旋转剖　(B)阶梯剖　(C)镜像剖　(D)组合剖

13. 剖面图用来表达零件的内部形状,剖面可分为( )。

(A)实体部分 (B)半实体部分 (C)空心部分 (D)半空心部分

14. 根据采用的渗碳剂不同,将渗碳分为( )。

(A)真空渗碳 (B)固体渗碳 (C)液体渗碳 (D)气体渗碳

15. 工程中常用的特殊性能钢有( )。

(A)不锈钢 (B)高速钢 (C)耐热钢 (D)耐磨钢

16. 按冶炼浇注时脱氧剂与脱氧程度分,碳钢分为连铸坯、( )。

(A)沸腾钢 (B)镇静钢 (C)半镇静钢 (D)冷轧钢

17. 感应表面淬火的技术条件主要包括( )。

(A)热影响区 (B)有效淬硬深度

(C)淬硬区的分布 (D)表面硬度

18. 常见的金属晶体结构有( )。

(A)密排六方晶格 (B)体心立方晶格

(C)正立方晶格 (D)面心立方晶格强度

19. 根据标准 GB/T 13304—2008,弹簧钢按照其化学成分分为( )。

(A)超硬弹簧钢 (B)碳素弹簧钢 (C)合金弹簧钢 (D)冷轧弹簧钢

20. 在铁碳合金基本组织中,( )属于单相组织。

(A)奥氏体 (B)铁素体 (C)渗碳体 (D)索氏体

21. 根据溶质原子在溶剂晶格中的分布情况,固溶体有两种基本类型,分别是( )。

(A)置换固溶体 (B)非置换固溶体

(C)非间隙固溶体 (D)间隙固溶体

22. 根据溶质在溶剂中的溶解情况,置换固溶体可分为( )两种。

(A)置换固溶体 (B)无限固溶体

(C)非间隙固溶体 (D)有限固溶体

23. 不同晶体结构的相,机械地混合在一起的组织,叫作固态机械混合物,铁碳合金中,这样的组织有( )。

(A)奥氏体 (B)铁素体 (C)珠光体 (D)莱氏体

24. 在铁碳合金基本组织中,( )属于固溶体。

(A)莱氏体 (B)铁素体 (C)马氏体 (D)奥氏体

25. 人们常说的碳钢和铸铁即为( )元素形成的合金。

(A)铁 (B)锰 (C)碳 (D)锌

26. 合金中的相结构有( )。

(A)固溶体 (B)化合物 (C)无答案 (D)机械混合物

27. 珠光体是( )的机械混合物。

(A)马氏体 (B)片状铁素体 (C)莱氏体 (D)渗碳体

28. 热处理根据目的和工序位置不同可分为( )。

(A)预备热处理 (B)退火 (C)表面热处理 (D)最终热处理

29. 珠光体根据层片的厚薄可细分为珠光体、( )。

(A)马氏体 (B)索氏体 (C)屈氏体 (D)莱氏体

30. 感应加热表面淬火,按电流频率的不同可分为高频感应加热淬火、(　　)。
(A)低频感应加热淬火　(B)中频感应加热淬火
(C)超高频感应加热淬火　(D)工频感应加热淬火
31. 化学热处理由分解、(　　)三个基本过程组成。
(A)吸收　(B)渗透　(C)扩散　(D)分散
32. 三相异步电机的调速方法有(　　)和转子回路串电阻调速。
(A)变极调速　(B)无答案　(C)变相调速　(D)变频调速
33. 三相异步电动机的转速取决于(　　)。
(A)磁场极对数 P　(B)转差率 S
(C)无答案　(D)电源频率 f
34. 笼型三相异步电动机常用的降压启动方法有(　　)。
(A)Y—△降压启动　(B)Y—△升压启动
(C)无答案　(D)自耦变压器降压启动
35. PLC 的主要技术指标有 I/O 点数、存储容量、(　　)。
(A)可扩展性　(B)扫描速度　(C)指令系统　(D)通讯功能
36. PLC 的输入部分接口电路形式有(　　)。
(A)晶体管式　(B)干结点式　(C)直流输入式　(D)交流输入式
37. S7-200 寻址方式有(　　)。
(A)立即寻址　(B)直接寻址　(C)指针寻址　(D)间接寻址
38. 数控机床大体由(　　)和机床本体组成。
(A)输入装置　(B)排屑装置　(C)伺服系统　(D)数控装置
39. 数控系统的报警大体可以分为操作报警、程序错误报警、驱动报警及系统错误报警,某个数控车床在启动后显示"没有 Y 轴反馈"这不属于(　　)。
(A)操作错误报警　(B)程序错误报警
(C)驱动错误报警　(D)计算机系统错误报警
40. 下列不属于滚珠丝杠副消除轴向间隙主要目的有(　　)。
(A)提高反向传动精度　(B)增大驱动力矩
(C)提高使用寿命　(D)减小摩擦力矩
41. 采用固定循环编程目的不是为了(　　)。
(A)加快切削速度,提高加工质量　(B)缩短程序的长度,减少程序所占的内存
(C)减少换刀次数,提高切削速度　(D)减少吃刀深度,保证加工质量
42. 数控铣床的刀具补偿功能分为(　　)。
(A)刀具长度补偿　(B)刀具直径补偿
(C)刀具半径补偿　(D)刀具硬件补偿
43. 开环控制系统的控制精度取决于(　　)的精度。
(A)转速　(B)步距　(C)传动　(D)运动
44. 为了保证数控机床能满足不同的工艺要求并能够获得最佳切削速度,下列对主传动系统的要求表述不完全的是(　　)。
(A)无级调速　(B)变速范围宽

(C)分段无级变速 (D)变速范围宽且能无级变速

45. 功能型数控铣床与普通铣床相比，在机械结构上差别不大的部件是(　　)。

(A)主轴箱 (B)工作台 (C)进给传动 (D)床身

46. 铰刀按外部形状可分为(　　)。

(A)锥度铰刀 (B)直齿铰刀 (C)螺旋齿铰刀 (C)机用铰刀

47. 目前不适合用来制造切削刃形状十分复杂的刀具材料是(　　)。

(A)高速工具钢 (B)碳素合金 (C)硬质合金 (D)立方氮化硼

48. 在切削加工时，切削热可以通过(　　)传递热量。

(A)工件 (B)周围介质 (C)刀具 (D)丝杠

49. 端铣刀的主要几何角度包括前角、后角、(　　)。

(A)刃倾角 (B)主偏角 (C)圆角 (D)副偏角

50. 铣削过程中所用的切削用量称为铣削用量，铣削用量包括铣削宽度、(　　)。

(A)铣削深度 (B)转速 (C)铣削速度 (D)进给量

51. 铣刀的分类方法很多，若按铣刀的结构分类，可分为机夹式铣刀、(　　)。

(A)面铣刀 (B)整体铣刀 (C)镶齿铣刀 (D)端铣刀

52. 切削塑性材料时，切削层的金属往往要经过挤压、(　　)。

(A)滑移 (B)挤裂 (C)切离 (D)脱落

53. 影响刀具寿命的主要因素有工件材料、刀具材料、(　　)。

(A)刀具几何参数 (B)机床刚性

(C)切削液 (D)切削用量

54. 刀具磨钝标准有(　　)。

(A)超精加工磨钝标准 (B)粗加工磨钝标准

(C)精加工磨钝标准 (D)以上都是

55. 数控机床对刀具材料的基本要求是高的硬度、高的耐磨性、高的红硬性和足够的(　　)。

(A)韧性 (B)强度 (C)刚性 (D)耐热度

56. 高速切削时应使用(　　)类刀柄。

(A)BBT (B)HSK (C)KM (D)CAPTO

57. 目前，在中国刀具市场上活跃的主要刀具品牌有(　　)。

(A)山特维克可乐满 (B)山高

(C)伊斯卡 (D)肯纳

58. 目前的刀具涂层技术有(　　)。

(A)PVD (B)电镀 (C)CVD (D)极光

59. 硬质合金可分为(　　)。

(A)YG、YT (B)YN、YW (C)普通合金 (D)超细合金

60. 切削液的使用方法有(　　)。

(A)蘸滴法 (B)浇注法 (C)倾倒法 (D)喷雾冷却法

61. 对于铜、铝及铝合金，为获得较高的表面加工质量和加工精度，切削液可采用(　　)。

(A)10%～20%的乳化液 (B)煤油

(C)磨削液 (D)柴油

62. 皂基脂的稠化剂常用(　　)等金属皂。

(A)镁　　(B)锂　　(C)钛　　(D)铝

63. 通用润滑脂用于一般机械零件,主要质量指标是滴点、灰分、(　　)等。

(A)黏度　　(B)闪点　　(C)针入度　　(D)水分

64. 非皂基脂的稠化剂采用(　　)。

(A)石墨　　(B)炭黑　　(C)石棉　　(D)硫

65. 润滑脂的作用主要是润滑、(　　)。

(A)除湿　　(B)保护　　(C)除锈　　(D)密封

66. 已废标准 GB 501—1965 是按稠化剂组成分类的,即分为(　　)。

(A)皂基脂　　(B)烃基脂　　(C)无机脂　　(D)有机脂

67. 润滑脂主要是由稠化剂、(　　)三部分组成。

(A)添加剂　　(B)润滑油　　(C)基础油　　(D)合成剂

68. 下列对于质量管理体系审核的理解,正确的是(　　)。

(A)审核是检查是否满足产品质量标准的过程

(B)审核是确定审核证据满足审核准则的程度的过程

(C)审核是系统地、独立地、形成文件的过程

(D)审核分为第一方审核和内部审核

69. 审核的目的是(　　)。

(A)确定受审核方管理体系或其一部分与审核准则的符合程度

(B)评价管理体系确保满足法律法规和合同要求的能力

(C)评价管理体系实现特定目标的效率

(D)识别管理体系潜在的改进方面

70. 产品实现需要一连串过程及分过程来完成,应确定(　　)。

(A)产品合同的质量目标　　(B)验收、确认活动

(C)接收标准　　(D)记录产品符合性的证据

71. 危险源辨识的程序应考虑(　　)。

(A)相关方的变更　　(B)组织及其活动的变更

(C)材料的变更　　(D)计划的变更

72. 组织用于危险源辨识和风险评价的方法应在(　　)方面进行界定。

(A)范围　　(B)性质　　(C)时机　　(D)资金

73. 最高管理者应通过明确(　　)方式以提供有效的职业健康安全管理。

(A)作用　　(B)分配职责和责任

(C)授予权力　　(D)绩效考核

74. 培训程序应当考虑不同层次的(　　)和文化程度。

(A)以往经验　　(B)职责　　(C)能力　　(D)语言技能

75. 相关方可表现为个人或团体,下列关于相关方的说法,正确的有(　　)。

(A)与组织职业健康安全绩效有关　　(B)受组织职业健康安全绩效影响

(C)多为工作场所内　　(D)工作场所外的一般不是

76. 职业健康安全管理体系主要用于(　　)。

(A)制定组织的职业健康安全方针 (B)实施组织的职业健康安全方针
(C)管理职业健康安全风险 (D)变更管理

77. 关于“运行控制”,组织应实施并保持的内容包括( )。
(A)与采购的货物、设备和服务相关的控制措施
(B)与工作场所外的访问者相关的控制措施
(C)规定的运行准则
(D)变更管理

78. 下列不能同时承受径向力和轴向力的轴承是( )。
(A)滚针轴承 (B)角接触轴承 (C)推力轴承 (D)圆柱滚子轴承

79. 万能分度头的传动精度不取决于( )。
(A)蜗杆副精度 (B)工作台精度 (C)孔圈精度 (D)主轴精度

80. 数控铣床常用的夹具种类有( )。
(A)组合夹具 (B)专用铣削夹具
(C)多工位夹具 (D)气动夹具

81. 进行铣床水平调整时,工作台不应处于行程的( )位置。
(A)零点 (B)中间 (C)极限 (D)任意

82. 影响难加工材料切削性能的主要因素包括硬度高、塑性和韧性大等物理学性能,但不包括( )。
(A)铣床承受切削力大 (B)加工硬化现象严重
(C)工件导热系数低 (D)切屑变形大

83. 在识图时,为能准确找到剖视图的剖切位置和投影关系,剖视图一般需要标注。剖视图的标注有( )三项内容。
(A)箭头 (B)字母 (C)剖切符号 (D)基准符号

84. 一般机床夹具主要由( )等部分组成。根据需要夹具还可以含有其他组成部分,如分度装置、传动装置等。
(A)定位元件 (B)夹紧元件 (C)对刀元件 (D)夹具体

85. 工艺基准按其功用的不同,可分为( )三种。
(A)精加工集中基准 (B)测量基准
(C)定位基准 (D)装配基准

86. 夹具装夹方法是靠夹具将工件( ),以保证工件相对于刀具、机床的正确位置。
(A)定位 (B)夹紧 (C)保持水平 (D)保持垂直

87. 夹持钢材工件时须考虑的项目有( )。
(A)夹持稳固 (B)工件硬度 (C)工件定位 (D)工件夹持变形

88. 已加工工件出现( )现象,说明刀具已经钝化。
(A)粗糙度明显增大 (B)工件尺寸超差
(C)切削温度上升 (D)加工表面上出现亮带

89. 数控铣床刀具数据一般包括( )等方面。
(A)刀具材料 (B)刀具长度 (C)刀具半径 (D)刀具类型

90. 铣刀切削部分的材料应具备如下性能;高的硬度、( )。

(A)足够的强度和韧性　(B)高的耐磨性
(C)高的耐热性　(D)良好的工艺性

91. 刀具破损即在切削刃或刀面上产生(　)现象,属于非正常磨损。
(A)裂纹　(B)崩刀　(C)碎裂　(D)以上选项都不对

92. CNC 数控的主要优点是(　)。
(A)灵活性大　(B)容易实现多种复杂功能
(C)可靠性好　(D)使用维修方便

93. 加工程序中平面设定可用(　)。
(A)G17　(B)G18　(C)G19　(D)G20

94. 数铣主轴启动可用(　)。
(A)M03　(B)M04　(C)M02　(D)M05

95. 刀具半径补偿可用(　)。
(A)G31　(B)G03　(C)G41　(D)G42

96. 加工程序结束用(　)中的一个。
(A)M04　(B)M09　(C)M02　(D)M30

97. 目前零件加工程序的编程方法主要有(　)。
(A)手工编程　(B)参数编程　(C)宏指令编程　(D)自动编程

98. 刀具半径自动补偿指令为(　)。
(A)G40　(B)G41　(C)G42　(D)G43

99. 圆弧程序的格式可以写为:G02X_Y_Z(　)F。
(A)U_V_W　(B)I_J_K　(C)P_Q_R　(D)R

100. 按刀具相对工件运动轨迹来分,数控系统可分为(　)。
(A)点位控制系统　(B)直线控制系统
(C)轮廓控制系统　(D)空间控制系统

101. 数控加工编程前要对零件的几何特征如(　)等轮廓要素进行分析。
(A)平面　(B)直线　(C)轴线　(D)曲线

102. 与 G00 属同一模态组的有(　)。
(A)G80　(B)G01　(C)G82　(D)G03

103. FANUC 系统中,G33、G35 代码表示(　)。
(A)没有这种代码　(B)加工固定螺距螺纹
(C)加工减少螺距螺纹　(D)以上都不对

104. FANUC 系统中,关于指令 G53,下列说法不正确的有(　)。
(A)G53 指令后的 X、Y、Z 的值为机床坐标系的坐标值
(B)G53 指令后的 X、Y、Z 的值都为负值
(C)G53 指令后的 X、Y、Z 的值可用绝对方式和增量方式来指定
(D)使用 G53 指令前机床不需要回一次参考点

105. 编程时使用刀具补偿的优点有(　)。
(A)计算方便　(B)便于装夹刀具
(C)便于修正尺寸　(D)便于测量

106. 下列不是取消刀具补偿指令的是(　　)。

(A)G40　(B)G80　(C)G50　(D)G49

107. 数控铣床在执行其代码 M30 之后,能使(　　)。

(A)停止主轴　(B)冷却液进给

(C)控制系统复位　(D)程序暂停

108. 数控铣床程序指令包括(　　)等基本指令。

(A)坐标指令　(B)插补指令

(B)坐标平面指令　(B)进给速度指令

109. CNC 铣床铣削时,下列(　　)不能省略。

(A)铣削转速　(B)铣刀回转方向

(C)工件先划线　(D)铣刀选用

110. 安装或拆卸铣刀时必须注意的事项有(　　)。

(A)虎钳擦拭干净　(B)床台须放置软垫保护

(C)主轴须停止　(D)刀柄与主轴内孔须擦拭干净

111. 寻边器主要用于确定工件坐标系原点在机床坐标系中的(　　)值,也可以测量工件的简单尺寸。

(A)X　(B)Y　(C)Z　(D)T

112. 空运行只能检验加工程序的路线,不能直观的看出零件的(　　)。

(A)精度　(B)工件几何形状

(C)粗糙度　(D)程序指令错误

113. 为了检验输入好的加工程序,一般有(　　)等几种方法。

(A)空运行　(B)图形模拟　(C)试切加工　(D)选择停止

114. 新程序第一次加工时可以使用(　　)功能,检验程序中的指令是否错误。

(A)选择停止　(B)机械锁定　(C)超程试验　(D)空运行

115. 数控加工编程的主要内容有:分析零件图、确定工艺过程及工艺路线、计算刀具轨迹的坐标值、(　　)等。

(A)编写加工程序　(B)程序输入数控系统

(C)程序校验　(D)首件试切

116. 数控铣床一般由(　　)等部分组成。

(A)控制介质　(B)数控装置　(C)伺服系统　(D)机床本机

117. 数控系统参数的作用是控制轴的数量、进给率、快速、螺距误差补偿、加速度、(　　)等。

(A)反馈　(B)跟随误差　(C)比例增益　(D)自动换刀功能

118. 机床厂家在制造机床及最终用户在使用的过程中,通过参数的设定来实现对 PLC、伺服驱动、加工条件、(　　)等方面的设定和调用。

(A)刀具损耗　(B)机床坐标　(C)操作功能　(D)数据传输

119. FANUC 数控系统中的(　　),在机床断电时是依靠控制单元上的电池进行保存的。

(A)加工程序　(B)参数

(C)螺距误差补偿　　　　(D)宏程序

120. 刀具长度补偿量和刀具半径补偿量由程序中的(　　)代码指定。

(A)H　　(B)T　　(C)G　　(D)D

121. 按参数的表示形式来划分,数控机床的参数可分为(　　)。

(A)状态型参数　　(B)保密型参数　　(C)比率型参数　　(D)真实值参数

122. 下列适合加工中心加工的零件为(　　)。

(A)周期性重复投产的零件　　(B)装夹困难零件

(C)形状复杂零件　　(D)多工位和工序可集中的工件

123. 按参数本身的性质来划分,数控机床的参数可分为(　　)。

(A)普通型参数　　(B)中级型参数　　(C)高级型参数　　(D)秘密级参数

124. 数控参数是数控系统所用软件的外在装置,它决定了(　　)。

(A)机床的价格　　(B)机床的功能

(C)机床的控制精度　　(D)机床的设计合理性

125. 数控编程中的变量按作用域可分为(　　)。

(A)局部变量　　(B)全局变量　　(C)系统变量　　(D)公共变量

126. 用于铣床加工平面的面铣刀,端面和圆周上均有刀齿,其结构有(　　)。

(A)整体式　　(B)三面刃式　　(C)镶齿式　　(D)可转位式

127. 尖齿铣刀在后刀面上磨出一条窄的刃带以形成后角,尖齿铣刀的齿背有(　　)等几种形式。

(A)直线　　(B)曲线　　(C)子午线　　(D)折线

128. 面铣刀的主偏角是刀片主切削刃和工件表面之间的夹角,主要有(　　)。

(A)0°角　　(B)45°角　　(C)90°角　　(D)圆形刀片

129. 铣刀刀片每一次进入切削时,切削刃都要承受冲击载荷,载荷大小取决于(　　)。

(A)切屑的横截面　　(B)工件材料

(C)切削类型　　(D)工件夹紧力大小

130. 加工凹槽切削方法有三种,即(　　)。

(A)立切法　　(B)行切法　　(C)环切法　　(D)先行切最后环切法

131. 铣削加工中是采用顺铣还是逆铣对工件表面粗糙度有较大的影响,确定铣削方式应根据(　　)等条件综合考虑。

(A)工件的加工要求　　(B)材料的性质

(C)材料的状态　　(D)使用的机床及刀具

132. 为了保证切削轮廓的完整性、平滑性,特别在采用子程序分层切削时,注意不要造成(　　)的现象。

(A)加工硬化　　(B)爬行　　(C)欠切　　(D)过切

133. 粗加工平面轮廓时,通常可以选用下列(　　)方法。

(A)Z 向分层粗加工　　(B)面铣刀去余量

(C)使用刀具半径补偿　　(D)插铣

134. 规划空间曲面的粗、精加工刀具运动轨迹时,常用球头刀采用(　　)进行加工。

(A)横切法　　(B)行切法　　(C)环切法　　(D)斜切法

135. 常用于空间曲面加工的刀具有(　　)。

(A)球头铣刀　(B)铰刀　(C)鼓形刀　(D)锯片铣刀

136. 曲面加工过程中需要考虑的因素主要有(　　)。

(A)曲面曲率　(B)切削参数

(C)刀具、走刀路线　(D)工件、刀具材料

137. 规划曲面的粗、精加工刀具运动轨迹时,可选择(　　)走刀方式。

(A)环切　(B)行切　(C)内切　(D)外切

138. 镗刀是精密孔加工中不可缺少的重要刀具,常见的型式有(　　)。

(A)螺纹式微调镗刀　(B)偏心式微调镗刀

(C)滑槽式双刃镗刀　(D)浮动镗刀

139. 常用的钻头主要有(　　)、扁钻、深孔钻和套料钻等。

(A)麻花钻　(B)立钻　(C)中心钻　(D)偏心钻

140. 扩孔钻有 3～4 个刀齿,其刚性比麻花钻好,用于扩大已有的孔并提高(　　)。

(A)表面硬度　(B)加工精度　(C)机床寿命　(D)表面粗糙度质量

141. 丝锥为一种加工内螺纹的刀具,按照形状可以分为(　　)。

(A)直刃丝锥　(B)斜刃丝锥　(C)渐开线丝锥　(D)螺旋丝锥

142. 在深槽的数控铣削加工时,如果一定要使用长刃型铣刀的情况下,则需大幅度降低(　　)。

(A)主轴高度　(B)夹具高度　(C)切削速度　(D)进给速度

143. 在深槽的数控铣削加工时,往往可能会出现振动。振动会使铣刀圆周刃的吃刀量不均匀,且切扩量比原定值增大,影响到(　　)。

(A)加工精度　(B)刀具使用寿命

(C)切削速度　(D)进给速度

144. 可以用来加工开口平键槽的刀具是(　　)。

(A)面铣刀　(B)键槽铣刀　(C)立铣刀　(D)圆柱铣刀

145. 三面刃铣刀常用于加工各种(　　),其两侧面和圆周上均有刀齿。

(A)沟槽　(B)轮廓面　(C)台阶面　(D)曲面

146. 公差配合的类型分为(　　)。

(A)间隙配合　(B)过渡配合　(C)过盈配合　(D)动静配合

147. 加工 ϕ25H7 的孔,采用钻、扩、粗铰、精铰的加工方案,钻、扩孔时的不合理的尺寸为(　　)。

(A)ϕ23、ϕ24.9　(B)ϕ23、ϕ24.8　(C)ϕ15、ϕ24.8　(D)ϕ15、ϕ24.9

148. 轴径 ϕ30±0.03,直线度 ϕ0.02,遵守最大实体要求,下列说法正确的是(　　)。

(A)当实际尺寸处处为 ϕ30 时,则允许的直线度误差为 ϕ0.02

(B)当实际尺寸处处为 ϕ30 时,则允许的直线度误差为 ϕ0.05

(C)当实际尺寸处处为 ϕ29.97 时,则允许的直线度误差为 ϕ0.02

(D)当实际尺寸处处为 ϕ29.97 时,则允许的直线度误差为 ϕ0.08

149. 加工装夹在铣床工作台上的夹具时,夹具安装配合表面的平面度不允许(　　)。

(A)中间凹心　(B)中间凸心　(C)对角凹　(D)对角凸

150. 尺寸链是由一组(　　)的尺寸所构成的封闭图形。

(A)相互连接　(B)相互交叉　(C)相互垂直　(D)相互制约

151. 平面的质量主要从(　　)两个方面来衡量。

(A)垂直度　(B)平行度　(C)平面度　(D)表面粗糙度

152. 孔的形状精度主要有(　　)。

(A)圆度　(B)垂直度　(C)平行度　(D)圆柱度

153. 一个完整的测量过程应包括被测对象、计量单位、(　　)四个要素。

(A)检验方法　(B)测量方法　(C)测量精度　(D)测量条件

154. 高度游标卡尺的主要用途是(　　)。

(A)测量高度　(B)测量深度　(C)划线　(D)测量外径

155. 下列属于通用量具的是(　　)。

(A)游标卡尺　(B)电子数显卡尺

(C)高度卡尺　(D)带表卡尺

156. 数控铣床操作人员应熟悉所使用机床的规格,如(　　),还需了解各油标的位置及使用何种牌号润滑油等。

(A)主轴转速范围　(B)进给速率范围

(C)机床行程范围　(D)工作台承载能力

157. 数控机床维护与保养的目的是(　　)。

(A)延长平均无故障时间,增加机床的开动率

(B)充分发挥数控机床的自诊断功能

(C)便于及早发现故障隐患,避免停机损失

(D)长期保持数控机床的加工精度

158. 设备点检就是借助于人的感官和检测工具,按照预先制定的技术标准,对设备进行检查的一种设备管理方法,其中的"五定"是(　　)、定期、定法、定标。

(A)定料　(B)定点　(C)定价　(D)定人

159. 设备维护保养的五层防护线就是把(　　)、技术诊断和倾向管理、精度性能测试检查等结合起来,以保证设备安全、稳定、经济运行的防护体系。

(A)岗位日常点检　(B)班组相互点检

(C)专业定期点检　(D)专业精密点检

160. 状态检修是指根据状态(　　)技术提供的设备状态信息,评估设备的状况,在故障发生前进行检修的方式。

(A)预防　(B)修复　(C)监测　(D)诊断

161. 数控机床维护操作规程包括(　　)。

(A)工时的核算　(B)机床操作规程

(C)设备运行中的巡回检查　(D)设备日常保养

162. 数控机床操作人员使用机床时,不允许随意(　　)及更换机床附件。

(A)改变制造厂设定的控制系统的参数　(B)提高液压系统的压力

(C)改变刀具运动轨迹图形显示比例　(D)改变行程限位开关位置

163. 旋转型检测元件有(　　)。

(A)旋转变压器 (B)测速发电机 (C)脉冲编码器 (D)光栅尺

164. 直线型检测元件有( )。

(A)旋转变压器 (B)测速发电机 (C)光栅尺 (D)磁栅尺

165. 数控铣床的润滑系统在机床整机中占有十分重要的位置,具有( )的作用。

(A)润滑 (B)冷却 (C)动力 (D)分度

166. 数控铣床集中润滑系统的特点是( ),有利于提高机床使用寿命。

(A)定位 (B)定时 (C)高效 (D)定量

167. 数控铣床进给系统机械传动结构一般由( )以及执行件组成。

(A)传动机构 (B)床身机构 (C)导向机构 (D)运动变换机构

168. 在数控铣床进给系统的机械传动结构中,( )属于导向机构。

(A)滚珠丝杠 (B)轴承 (C)导轨 (D)齿形带

169. 一般数控机床的气源装置的气动元件包括( )。

(A)空气过滤器 (B)温度调节器 (C)压力调节器 (D)速度调节器

170. 数控机床的 CNC 装置具有自诊断功能,可以进行( )。

(A)主轴振动频率显示 (B)工件尺寸公差显示

(C)报警和错误显示 (D)机床监控数据显示

171. 闭环控制数控机床是指在机床移动部件上直接安装直线位移检测装置,用于测量和反馈移动部件实际位移,从而实现移动部件的( )。

(A)精确功率 (B)精确运动 (C)精确定位 (D)精确扭矩

172. 数控机床切削精度的检查,是在切削加工条件下对机床( )的综合检查。

(A)几何精度 (B)速度精度 (C)定位精度 (D)等级精度

173. 数控铣床的几何精度反映机床的关键机械零部件如( )的几何形状误差及其组装后的几何形状误差。

(A)控制面板 (B)床身 (C)立柱 (D)主轴箱

174. 数控铣床常用检测几何精度的工具有精密水平尺、( )等。

(A)千分表 (B)高精度主轴芯棒

(C)直角仪 (D)千分表杆磁力座

175. 数控铣床切削精度检查项目一般包括端铣刀铣平面的精度、( )等。

(A)端铣刀铣台阶面的垂直精度 (B)侧面铣刀铣侧面的直线精度

(C)侧面铣刀铣侧面的圆度精度 (D)球面铣刀铣球面的曲面精度

176. 下列属于数控铣床几何精度检测内容的是( )。

(A)工作台面的平面度 (B)各坐标方向移动的相互垂直度

(C)主轴内孔的圆度 (D)主轴轴向窜动

四、判 断 题

1. 每个尺寸一般只标注一次,并应标注在最能清晰的反映该结构特征的视图上。( )

2. 我国机械制图中一般以英寸为单位,如采用其他单位时则必须注明单位名称。( )

3. 最大极限尺寸一定大于基本尺寸,最小极限尺寸一定小于基本尺寸。( )

4. 在间隙配合中,孔的公差带都处于轴的公差带上方。( )

5. 圆柱度和同轴度都属于形状公差。(　　)

6. 某一尺寸后标注Ⓔ表示其遵守包容原则。(　　)

7. 视图上标有“A 向旋转”字样的是斜视图。(　　)

8. 局部剖视图既能表达内部形状,又能保留零件的某些外形。(　　)

9. 斜视图是利用斜投影的方法投影到平行平面上得到的。(　　)

10. 三视图是利用正投影的方法将物体投影到 V、H、W 三平面上所得到的视图的总称。(　　)

11. 在剖面图中,当剖切平面通过回转面形成的孔或凹坑的轴线时,这些结构应按剖视绘制。(　　)

12. 剖切符号标明剖切位置,用细实线画在剖切位置的开始和终止处。(　　)

13. 局部剖视图主要用于表达机件的局部内部结构或不宜采用全剖视图或半剖视图的地方(孔、槽等)。(　　)

14. 局部剖视图中被剖部分与未剖部分的分界线用双折线表示。(　　)

15. 合金钢因为含有合金元素,所以比碳钢淬透性差。(　　)

16. 40Cr 是最常用的合金调质钢。(　　)

17. 3Cr2W8V 的平均含碳量为 0.3%,所以是合金结构钢。(　　)

18. 16Mn 的含碳量为 0.16%,是较高含锰量的优质碳素结构钢。(　　)

19. GCr15 钢既可作滚动轴承,也可作量具。(　　)

20. 低温回火的目的是使工件获得高的弹性极限、屈服强度和韧性。(　　)

21. 磷是一种有害杂质,是由于它能使钢的强度和硬度显著降低。(　　)

22. 工业纯铁中碳的质量分数为小于 0.021 8%。(　　)

23. 合金元素的有益作用只有通过适当的热处理才能发挥出来。(　　)

24. 铁碳合金相图上的共析线是 PSK。(　　)

25. 含碳量为 1.2%的铁碳合金,在室温下的组织为珠光体和二次渗碳体。(　　)

26. 从金属学的观点来看,冷加工和热加工是以结晶温度为界限区分的。(　　)

27. 合金结构钢都是高级优质钢。(　　)

28. Cr12MoV 是不锈钢。(　　)

29. 1Cr18Ni9Ti 是合金工具钢。(　　)

30. 滚动轴承钢主要加入 Cr 合金元素。(　　)

31. 20CrMnTi 是普通低合金结构钢。(　　)

32. 1Cr13 是铬不锈钢。(　　)

33. 当三相负载越接近对称时,中线电流就越小。(　　)

34. 已知对称三相电源的相电压 $u_A=10\sin(\omega t+60^\circ)$ V,相序为 A—B—C,则当电源星形连接时线电压 u_{AB} 为 $10\sin(\omega t+90^\circ)$ V。(　　)

35. 用左手定则判断转子绕组中感应电流的方向。(　　)

36. 用左手定则判断转子绕组受到的电磁力方向。(　　)

37. PLC 可编程控制器是以“并行”方式进行工作的。(　　)

38. 梯形图是程序的一种表示方法,也是控制电路。(　　)

39. 数控机床是为了发展柔性制造系统而研制的。(　　)

40. 能进行轮廓控制的数控机床，一般也能进行点位控制和直线控制。（ ）

41. 四轴控制的数控机床可用来加工圆柱凸轮。（ ）

42. 判断刀具左右偏移指令时，必须对着刀具前进方向判断。（ ）

43. 数控铣床的工作台尺寸越大，其主轴电机功率和进给轴力矩越大。（ ）

44. G03X_Y_I_J_K_F_表示在 XY 平面上顺时针插补。（ ）

45. 在工件上既有平面需要加工，又有孔需要加工时，可采用先加工孔、后加工平面的加工顺序。（ ）

46. 同组模态 G 代码可以放在一个程序段中，而且与顺序无关。（ ）

47. 刀具直径过大会产生键槽对称度误差。（ ）

48. 为了提高大前角刀具刀刃的强度，可以采用负的刃倾角。（ ）

49. 镗刀的刚性差，切削时易引起振动，所以镗刀的主偏角一般不大于 60°。（ ）

50. 周铣时只有铣刀的圆周刃进行切削，所以加工的表面粗糙度大于端铣。（ ）

51. 铣刀前角可根据被加工材料来选择，通常取 10°～20°。（ ）

52. 采用先钻孔再扩孔的工艺时，钻头直径应为孔径的 40%～60%。（ ）

53. 顺铣时每齿的切削厚度由零到最大，因而加工表面的粗糙度较小。（ ）

54. 为了提高加工表面质量，绞刀刀齿在圆周上可采用不等齿距分布。（ ）

55. 单圆弧直线链轮在立式铣床上常用链轮铣刀加工。（ ）

56. 一个完整的刀具运动程序段主体应包括准备机能、终点坐标、辅助机能、主轴转速机能。（ ）

57. 在数控立式铣床上，用刀具半径补偿编程加工直径为 20 mm 的圆凸台，试切后直径为 21 mm。若程序和刀具半径不变，则设置刀具半径补偿量应减少 0.5 mm。（ ）

58. 数控铣床的指定刀具补偿值号是用 F。（ ）

59. 数控铣床上铣削工件时，铣刀相对零件运动的起始点称为换刀点。（ ）

60. FANUC 数控铣床中，高速深孔钻循环指令为 G73。（ ）

61. 选择加工表面的设计基准作为定位基准称为互为基准。（ ）

62. 绝大部分的数控系统都装有电池，它的作用是给系统的 CPU 运算提供能量。（ ）

63. 长 V 形块可消除 5 个自由度，短 V 形块可消除 2 个自由度。（ ）

64. 导轨副的维护一般包括导轨副的润滑、滚动导轨副的预紧和导轨副的防护。（ ）

65. 造成液压卡盘失效故障的原因，一定是液压系统故障。（ ）

66. 数控机床不得有渗油、渗水、渗气现象。检查主轴运行温度稳定后的温升情况，一般其温度最高不超过 45℃。（ ）

67. 组织建立其环境管理体系应采用 SA8000。（ ）

68. 制定环境管理方案的目的在于满足相关方的所有要求。（ ）

69. 数控机床的主机部分主要包括机械、润滑、冷却、排屑、气动与防护等。（ ）

70. 国家制图标准规定，可见的轮廓线用虚线绘制。（ ）

71. 测绘时应用螺纹千分尺测螺纹中径，其测量方法属于间接测量。（ ）

72. 位置检测元件装在伺服电动机的尾部的是闭环系统。（ ）

73. 电主轴是将机床主轴与主轴电机融为一体的高新技术产品。（ ）

74. 辅助支承是为了增加工件的刚性和定位稳定性,并不限制工件的自由度。( )

75. 组合夹具是由一套完全标准化的元件,根据工件的加工要求拼装成的不同结构和用途的夹具。( )

76. 造成定位误差的原因有两个:一个是由于定位基准与设计基准不重合;二是由于定位副制造误差而引起定位基准的位移。( )

77. YG6X、K15 适于有色金属及合金材料低速粗加工。( )

78. 箱体零件图中,各部分定位尺寸、各孔中心线之间的距离、轴承孔轴线与安装面的距离以及各装配尺寸都应直接注出。( )

79. 因为毛坯表面的重复定位精度差,所以粗基准一般只能使用一次。( )

80. 在数控机床上加工零件,应尽量选用组合夹具和通用夹具装夹工件,避免采用专用夹具。( )

81. 由一套预制的标准元件及部件,按照工件的加工要求拼装组合而成的夹具,称为通用夹具。( )

82. 机床夹具在机械加工过程中的主要作用是易于保证工件的加工精度;改变和扩大原机床的功能;缩短辅助时间,提高劳动生产率。( )

83. 切削速度增大时,切削温度升高,刀具耐用度大。( )

84. 选择合理的刀具几何角度以及适当的切削用量都能大大提高刀具的使用寿命。( )

85. 刀具磨损分为初期磨损、正常磨损、急剧磨损三种形式。( )

86. 硬质合金是一种耐磨性好、耐热性高、抗弯强度和冲击韧性都较高的一种刀具材料。( )

87. 刀具长度正向补偿用 G43 指令。( )

88. 用 G44 指令也可以达到刀具长度正向补偿的目的。( )

89. G 指令称为辅助功能指令代码。( )

90. 工件坐标系的原点即"编程原点"与零件定位基准不一定非要重合。( )

91. 程序段:G00 X100 Y50 和程序段:G28 X100 Y50 中的 X、Y 值都表示为目标点的坐标值。( )

92. 数控的实质是计算机控制。( )

93. 刀具长度负向补偿用 G44 指令。( )

94. 在 FANUC 系统中,代码 S 与 F 之间没有联系。( )

95. 用 G02 完成的插补功能也可以由 G01 来逐步完成。( )

96. G00 为非模态 G 代码。( )

97. 机床坐标系一经建立,只要进行了复位操作,那么机床坐标就要发生变化。( )

98. G00 的运动速度不能用程序改变,但可以用倍率开关改变。( )

99. 数控机床所加工的轮廓,只与所采用的程序有关,而与所选用的刀具无关。( )

100. 确定走刀路线时应寻找最短加工路线,减少空走刀时间,提高效率。( )

101. 插补运算就是计算每一小段端点的坐标值。( )

102. 在 FANUC 系统中,G96S200 表示主轴转速为 200 r/min。( )

103. 如果在 G01 程序段之前的程序段中没有 F 指令,而现在的 G01 程序段中也没有 F

指令,则刀具自动以快速进给速度运动。( )

104. 沿刀具进给方向看,工件位于刀具左侧,则执行刀尖半径左补偿 G41 指令。( )

105. 在刀具补偿进行期间,刀具中心轨迹始终偏离程序轨迹一个刀尖半径值的距离。( )

106. 在 FANUC 系统中,程序段 M98P1200 表示调用程序号为 O1200 的子程序。( )

107. 数控加工程序中,每个程序段必须编有程序段号。( )

108. 机械零点是机床调试和加工时十分重要的基准点,由操作者设置。( )

109. 若遇机械故障停机时,应操作选择停止开关。( )

110. 数控机床在手动和自动运行中,一旦发现异常情况,应立即使用紧急停止按钮。( )

111. 当数控加工程序编制完成后不可直接进行正式加工,应先做程序校验。( )

112. 在 FANUC 系统中,指定刀具长度补偿值的指令代码是 H。( )

113. 数控机床的进给路线不但是作为编程轨迹计算的依据,而且还会影响工件的加工精度和表面粗糙度。( )

114. 按数控系统操作面板上的 RESET 键后就能消除报警信息。( )

115. 一般铣削时,若工件材质愈硬,则铣削速度应愈小。( )

116. 在立式 CNC 铣床上以面铣刀铣削工件,若发现铣削面凹陷,则可能原因是进给太大。( )

117. 数控机床在最终用户处安装调试后,一般不需要修改参数。( )

118. 通过参数的改变,可以在数控装置硬件不变的条件下达到功能调整的目的。( )

119. 各种不同类型的数控系统,参数的意义是相同的。( )

120. 数控系统功能的参数是数控装置制造厂商根据用户对系统功能的要求设定的。( )

121. 使用用户宏程序时,数值不可以直接指定,只能用变量指定。( )

122. 当用变量时,变量值可用程序或用 MDI 面板上的操作改变。( )

123. 数控系统的参数是依靠电池维持的,一旦电池电压出现报警,就必须立即关机,更换电池。( )

124. 数控系统的参数的作用只是简化程序。( )

125. FANUC 系统必须在 MDI 状态下才可以修改系统参数。( )

126. 数控系统参数对数控机床非常重要,不可以随意更改。( )

127. FANUC Oi 系列的条件表达式允许使用“复合条件表达式”,即使用逻辑运算符 AND、OR 等把多个条件表达式连接起来计算。( )

128. 数控铣床主轴上面铣刀的悬伸量尽可能达到最短,可以提高加工系统的刚性。( )

129. 尽可能采用最小的每齿进给量,以便使切屑足够薄,从而减小刀具磨损。( )

130. 在面铣时,用一把比切削宽度约大 30% 的铣刀并且将铣刀轴线位置与工件的中心保持完全一致,才会使切削效果最好。( )

131. 切削速度在中速区间时容易形成积屑瘤。( )

132. 插补法加工圆时,如两半圆错开则表示两轴速度增量不一致。( )

133. 产生节状切屑时,切削力波动小,加工表面光洁。( )

134. 采用立铣刀加工内轮廓时,铣刀直径应大于工件内轮廓最小曲率半径的2倍。( )

135. 精铣铝镁合金、钛合金或耐热合金时,应尽量按顺铣方式安排走刀路线。( )

136. 粗加工塑性材料,为了保证刀头强度,铣刀应取较小的后角。( )

137. 无论加工内轮廓或者外轮廓,刀具发生磨损时都会造成零件加工产生误差。( )

138. 铣削平面轮廓零件外形时,要避免在被加工表面范围内的垂直方向下刀或抬刀。( )

139. 所谓“行切法”是指刀具与零件轮廓的切点轨迹是一行一行平行的,而行间的距离是按零件加工精度的要求确定的。( )

140. 球头铣刀、鼓形刀、锥形铣刀常被用于立体行面和变斜角轮廓外形的加工。( )

141. 加工表面上残留面积越大、高度越高,则工件表面粗糙度值越大。( )

142. 一般情况下,对于内外轮廓,先进行外形加工,后进行内腔加工。( )

143. 刃磨质量对铣刀寿命有较大影响。刀齿表面粗糙度值小,刃口光滑程度高,不但可以提高铣刀寿命,而且可以减小工件表面粗糙度值。( )

144. 插铣法又称为 Z 轴铣削法,对于难加工材料的曲面加工、切槽加工以及刀具悬伸长度较大的加工,插铣法的加工效率远远高于常规的端面铣削法。( )

145. 加工某一大小为 300 mm×300 mm 左右的轮廓,其轮廓凹处最小曲率半径 2.2 mm,所以选择的粗加工立铣刀规格为 ϕ4 mm。( )

146. 一般铰刀的前角为0°。( )

147. 镗削不通孔时镗刀的主偏角应取75°。( )

148. 铰刀的齿槽有螺旋槽和直槽两种,其中直槽铰刀切削平稳、振动小、寿命长、铰孔质量好,尤其适用于铰削轴向带有键槽的孔。( )

149. 镗孔时,镗刀在切削过程中的磨损会使孔呈现圆柱度误差。( )

150. 采用数控铣床用立铣刀在工件上铣一个正方形凹槽,如果使用的铣刀直径比原来小1 mm,则计算加工后的正方形槽尺寸大1 mm。( )

151. T形槽加工只要采用一把T形槽铣刀就能直接加工出来。( )

152. 键槽铣刀上有通过中心的端齿,所以可轴向进给。( )

153. 采用键槽铣刀和立铣刀加工封闭键槽时,为便于下刀,均需事先钻好落刀孔。( )

154. ϕ40H7/n6 配合性质是间隙配合。( )

155. 切削过程中形成带状切屑时,其过程比较平稳,切削力波动较小,已加工表面粗糙度较高。( )

156. 当轴需要在孔中转动的时候都选择间隙配合,要求间隙比较大的时候选 H11/c11。( )

157. 加工尺寸链计算时，设计尺寸往往是封闭环。(　　)

158. 轴承端盖上的各个连接孔的位置度适用于独立公差原则。(　　)

159. 内测千分尺的分度值一般为 0.02 mm。(　　)

160. 切削参数中进给量对产生切削瘤影响最大。(　　)

161. 百分表在使用时，被测工件表面和测杆要垂直。(　　)

162. 螺纹牙型角的测量可以选用工具显微镜。(　　)

163. 某圆柱面的径向圆跳动误差要求为 0.05 mm，则该圆柱面的圆度误差理论上应该大于等于 0.05 mm。(　　)

164. 一些已受外部尘埃、油雾污染的电路板和接插件，不允许采用专用电子清洁剂喷洗。(　　)

165. 在液压系统的维护与保养时，要严格执行日常点检制度，检查系统的泄漏、噪声、振动、压力、温度等是否正常。(　　)

166. 热继电器用于机床防止切削过热的保护。(　　)

167. 数控铣床参考点是数控机床上固有的机械原点，该点到机床坐标原点在进给坐标轴方向上的距离可以在机床出厂时设定。(　　)

168. 操作数控机床时，尽量打开电气控制柜门，便于机床电气柜的散热通风。(　　)

169. 点检定修制提出设备的“四保持”是：保持设备的外观整洁、保持设备的结构完整、保持设备的性能和精度、保持设备的自动化程度。(　　)

170. 设备保养维护的“四会”指对设备会观察、会清理、会清洁、会排除一般故障。(　　)

171. 数控机床维护与保养的目的之一是延长机床设备平均无故障时间，保证机床能正常运转。(　　)

172. 油雾、灰尘甚至金属粉末一旦落在数控系统内的电路板或者电子器件上，容易引起元器件间绝缘电阻下降，甚至导致元器件及电路板损坏。(　　)

173. 增量式脉冲编码器具有断电记忆功能。(　　)

174. 数控铣床超程报警解除后，应重新进行手动返回参考点操作。(　　)

175. 改变步进电机输入脉冲频率就能改变步进电机的转速。(　　)

176. 油脂润滑不需要润滑设备，工作可靠，不需要经常添加和更换润滑脂，维护方便，与油液润滑相比，摩擦阻力大。(　　)

177. 数控铣床油压过高或过低是因为油量不足造成的。(　　)

178. 步进电机的电源是脉冲电源，不能直接接交流电。(　　)

179. 滚珠丝杠副消除轴向间隙的目的主要是减小摩擦力矩。(　　)

180. 数控铣床的螺距误差补偿应在机床几何精度调整结束前进行，以减少几何精度对定位精度的影响。(　　)

181. 数控铣床的定位精度与机床的几何精度不同，不会对机床切削精度产生重要影响。(　　)

182. 数控铣床几何精度检测必须在机床精调后一次完成，不得调一项测一项，因为有些几何精度是相互联系与影响的。(　　)

183. 数控铣床对工作台面及台面上 T 形槽进行几何精度检测的原因是，工作台面及定位

基准T形槽都是反映工件定位或工件夹具的定位基准。(　　)

五、简 答 题

1. 简述闭环、半闭环数控系统的概念。
2. 滚珠丝杠副进行预紧的目的是什么？常见的预紧方法有哪几种？
3. 数控铣削适用于哪些加工场合？
4. 数控铣削时选择对刀点的原则是什么？
5. 零件结构工艺性分析及处理原则是什么？
6. 滚珠丝杠螺母副中,何为内循环和外循环方式？
7. 数控机床对导轨的要求有哪些？
8. NC机床对数控进给伺服系统的要求有哪些？
9. 设计夹具时,在夹具的总装图上应标注的主要尺寸和公差有哪些？
10. 采用夹具装夹工件有何优点？
11. 什么叫重复定位？
12. 什么是六点定位？
13. 什么是定位误差？
14. 在机械制造中使用夹具的目的是什么？
15. 数控加工对刀具有哪些要求？
16. 什么是刀具半径补偿？
17. 圆柱铣刀主要几何角度包括哪几部分？
18. 简述积屑瘤对加工的影响。
19. 夹紧工件时,确定夹力方向应遵循哪些原则？
20. 简述手工编程的步骤。
21. 在编程时,如何确定工件坐标系？
22. 什么叫逐点比较插补法？一个插补循环包括哪些节拍？
23. 数控铣床的三轴联动和两轴半联动是两个什么样的概念？
24. 什么是刀具长度补偿？
25. 在编程时,为什么要进行刀具半径补偿？
26. 在数控加工中,一般钻孔固定循环由哪6个顺序动作构成？
27. 何谓对刀点？对刀点的选取对编程有何影响？
28. 何谓机床坐标系和工件坐标系？其主要区别是什么？
29. 数控加工编程的主要内容有哪些？
30. 数控机床加工程序的编制方法有哪些？分别适用什么场合？
31. 辅助功能M指令的作用是什么？
32. 列举4种常用的CAM编程软件。
33. 什么是自动编程？
34. 编程的数学处理是什么？
35. 数控编程中工件轮廓非圆曲线有哪两种？
36. 完善的数控编程后置处理器应具备哪些功能？

37. UG CAM 由哪五个模块组成？
38. UG CAM 后处理模块的功能是什么？
39. MasterCAM X2 编程软件操作方面有什么特点？
40. 简述主偏角为 45°的面铣刀的特点。
41. 精铣平面对铣床哪些主要精度有要求？
42. 单次平面精铣时，为什么端铣用面铣刀的刀心轨迹不能与工件中心线重合？
43. 简述端铣用面铣刀主、副切削刃的特点和作用。
44. 硬质合金面铣刀与高速钢面铣刀相比，有哪些优点？
45. 简述加工前分析零件图样的主要内容。
46. 简述轮廓铣削时刀具补偿的建立过程。
47. 在轮廓加工中，为更多的去除余量，如何选择刀具半径？
48. 简述铣削加工时表面粗糙度值偏大的产生原因。
49. 简述曲面上各点的坐标计算原理。
50. 简述刀具中心轨迹计算原理。
51. 钻孔出现孔径增大和误差偏大时，简述麻花钻头可能存在的问题。
52. 简述钻孔加工要遵循的一般工艺原则。
53. 简述麻花钻头钻孔表面粗糙度差的改进方法。
54. 依据加工材料不同，如何选用螺旋槽丝锥？
55. 与钻-扩-铰工艺相比，镗孔有哪些特点？
56. 在轴上铣键槽时，影响轴槽两侧面对工件轴线对称度的因素有哪些？
57. 在轴上铣键槽时，影响轴槽两侧面与工件轴线平行度的因素有哪些？
58. 如何合理地采用立铣刀进行封闭深槽加工？
59. 铣削封闭槽时，通常刀具 Z 向切入工件实体有几种方法？
60. 精铣槽时，决定铣削用量大小的因素分别有哪些？
61. 简述定位与夹紧之间的关系。
62. 数控铣床工序的编排原则是什么？
63. 编排铣削加工方案时，如何提高加工的几何精度？
64. 简述封闭环上、下偏差的计算方法。
65. 尺寸链计算有哪几种形式？分别简述其含义。
66. 影响机械加工精度的工艺系统几何因素有哪些？
67. 简述铣削时振动很大的主要原因。
68. 简述采用比较法检测工件表面粗糙度的方法。
69. 简述万能工具显微镜的功能。
70. 简述平面度误差测量方法和平面度误差的评定方法。

六、综 合 题

1. 如图 1 所示，零件的 A、B、C 面和 $\phi10\text{H}7(^{+0.015}_{0})$ 及 $\phi30\text{H}7(^{+0.021}_{0})$ 孔均已加工，试分析加工 $\phi12\text{H}7(^{+0.018}_{0})$ 孔时，选用哪些表面定位最为合理？为什么？并选择适宜的定位元件及尺寸公差，计算该定位方式的定位误差。

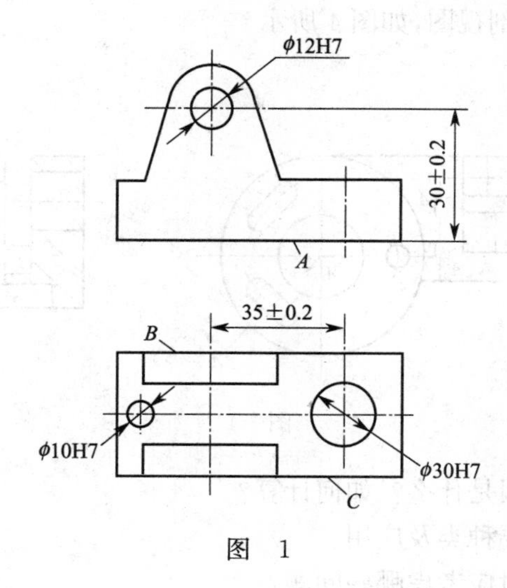

图 1

2. 补齐视图,如图 2 所示。

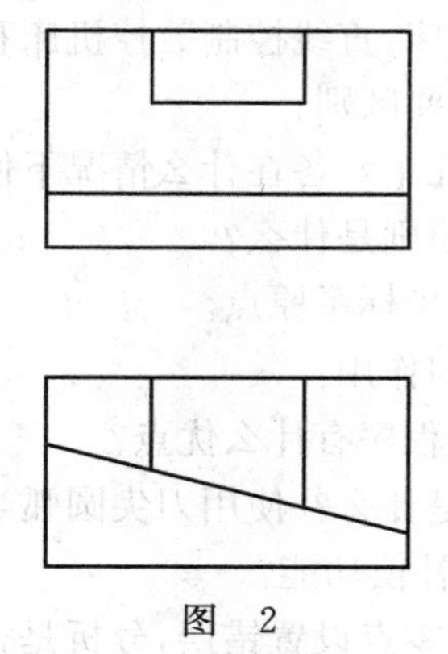

图 2

3. 将主视图画成剖视图,如图 3 所示。

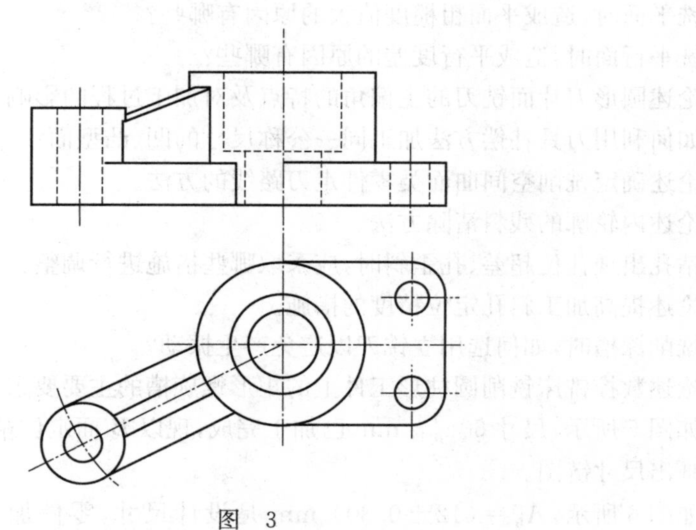

图 3

4. 画出零件的 A-A 主剖视图，如图 4 所示。

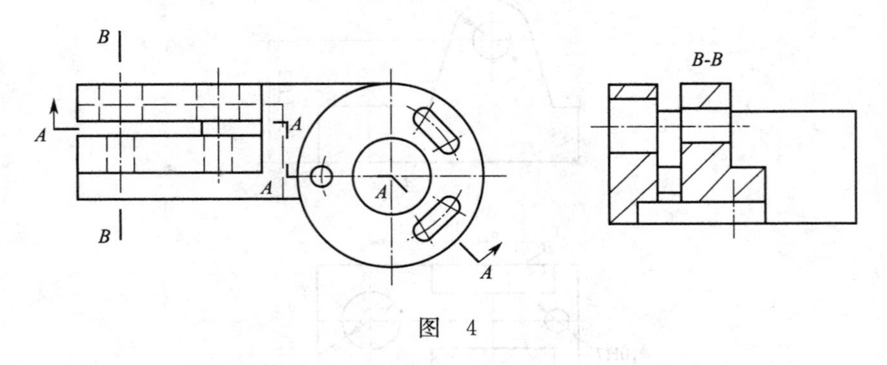

图 4

5. 定位误差产生的原因是什么？如何计算？

6. 论述铣槽刀具的主要种类及应用。

7. 确定铣刀进给路线时应考虑哪些问题？

8. 简述铣刀让刀原因。

9. 试简要叙述点位控制数控机床、直线控制数控机床和轮廓控制的特点。

10. 论述 G00 与 G01 指令的主要区别。

11. 刀具返回参考点的指令有几个？各在什么情况下使用？

12. 数控加工工序顺序的安排原则是什么？

13. 论述刀位点、换刀点和工件坐标系原点。

14. 刀具补偿分哪几种？各有何作用？

15. 在编写加工程序时，利用子程序有什么优点？

16. 刀尖圆弧半径补偿的作用是什么？使用刀尖圆弧半径补偿有哪几步？在什么移动指令下才能建立和取消刀尖圆弧半径补偿功能？

17. 数控机床编程时，如果编程零点设置错误，分析是否会产生碰撞。

18. 论述有哪些加工工艺内容不宜选择采用数控加工。

19. 铣平面时，造成平面粗糙度值大的原因有哪些？

20. 铣平行面时，造成平行度差的原因有哪些？

21. 论述圆形刀片面铣刀的主偏角的特点及对加工过程的影响。

22. 如何利用刀具补偿方法加工同一公称尺寸的凹、凸型面？

23. 论述确定铣削空间曲面类零件走刀路线的方法。

24. 论述内轮廓的残料清除方法。

25. 钻孔出现孔位超差、孔歪斜时，应采取哪些措施进行调整？

26. 论述提高加工斜孔定位精度的措施。

27. 铣削深槽时，如何选用立铣刀以避免产生振动？

28. 论述数控铣床铣削圆柱形工件上的矩形螺旋槽的主要要求。

29. 如图 5 所示，尺寸 $60_{-0.12}^{\ 0}$ mm 已加工完成，现以 B 面定位精铣 D 面，试求出工序尺寸 A_2，要求画出尺寸链图。

30. 如图 6 所示，$A_0=(12\pm0.30)$ mm 是设计尺寸，零件加工工序尺寸要求为 $A_1=$

$42^{+0.20}_{-0.10}$ mm，$A_2=10^{+0.15}_{0}$ mm，$A_3=20^{+0.05}_{-0.10}$ mm，试问按工序尺寸规定加工所得到的 A_0 能否满足设计要求，要求画出尺寸链图。

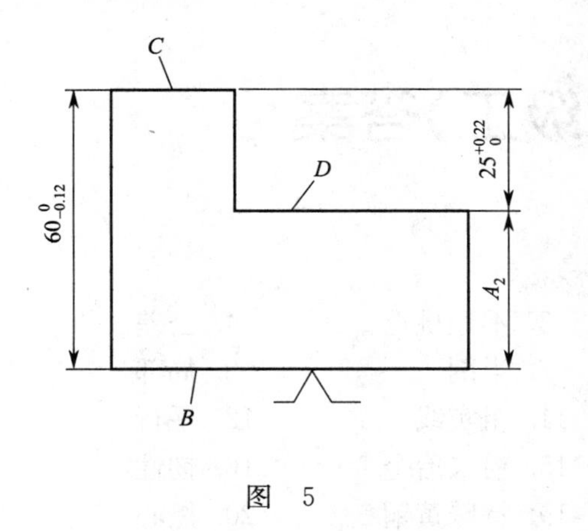

图 5

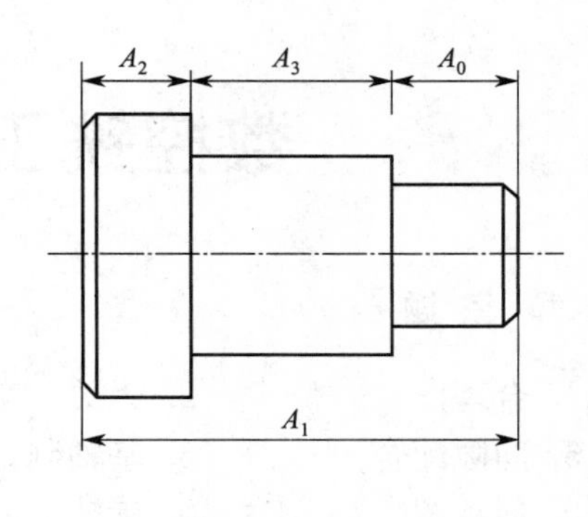

图 6

31. 图 7 为一轴端，其要求为外径 $\phi 25^{\ 0}_{-0.014}$，键槽底面尺寸为 $21.2^{\ 0}_{-0.14}$。工艺过程的加工顺序为精车外圆至 $\phi 25.3^{\ 0}_{-0.014}$，然后铣键槽深度至尺寸 A，最终磨外圆至 $\phi 25^{\ 0}_{-0.014}$。试求用深度尺测量的槽深尺寸 A，要求画出尺寸链图。

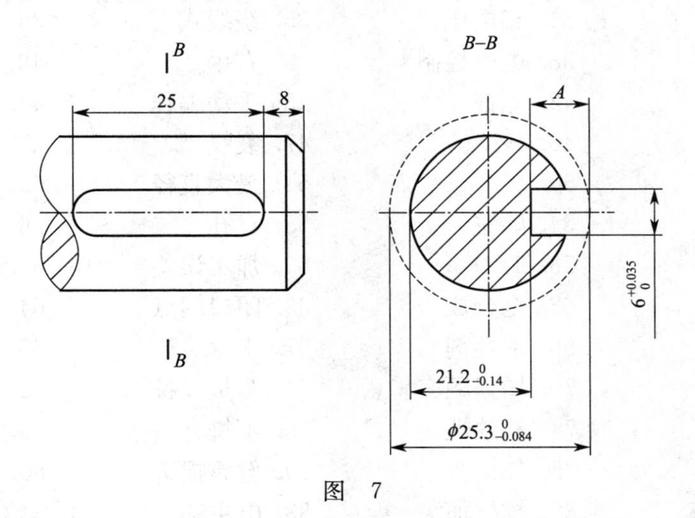

图 7

32. 分别举例说明采用两点法和三点法测量工件圆度误差的方法。
33. 论述铣削加工时工件尺寸发生超差的解决措施。
34. 论述采用三点法进行打表测量零件平面度误差的方法。
35. 论述立铣刀刀齿选用的方法。

数控铣工(高级工)答案

一、填 空 题

1. 合理	2. 无关	3. 不经挑选	4. 公差
5. 间隙配合	6. 基轴制	7. 半剖	8. 局部
9. 斜视图	10. 旋转	11. 粗实线	12. 平行
13. 内部	14. 对称	15. 粉末冶金	16. 韧性
17. 脱碳	18. 冷却介质	19. 特殊黄铜	20. 黑心
21. 退火	22. 高速	23. 淬火	24. 45 号
25. 正火	26. 黑色金属	27. 粉末冶金	28. 3D 打印
29. 特殊性能钢	30. 0.5	31. 高速钢	32. 滚动轴承钢
33. 120°	34. 相电压	35. 绕线式	36. 对称
37. DEC	38. 电气控制	39. 右手	40. 故障维修
41. 切削	42. 撤销	43. 手动编程	44. 切线
45. 顺铣	46. G28	47. 裂纹	48. G83
49. 螺旋角	50. 0°	51. 最大直径	52. 焊接内应力
53. 负前角	54. 顺铣	55. 盲孔	56. 前角
57. 变化	58. 1/2	59. 加工误差	60. 球头刀
61. 润滑	62. 全合成	63. 闭口闪点	64. 比热
65. 水溶性	66. 活性剂	67. 水	68. 1%
69. 切削油	70. 增强顾客满意	71. 测量设备	72. 最高管理者
73. 变更前	74. 有效性	75. 不符合	76. 范围
77. 前	78. 任何	79. 健康损害	80. 承包方
81. 结构形状	82. 校核加深	83. 电主轴	84. 驱动装置
85. 定位	86. 边销	87. 铁素体	88. 较大
89. 基准位移	90. 完全	91. 欠	92. 纯切削时间
93. 好	94. 刀具的磨钝标准	95. 顺铣	96. 轮廓尺寸
97. 一致	98. 控制运动	99. 指令字	100. 最小单位
101. 加工精度	102. 精度	103. 混合编程	104. 重复出现
105. CAM	106. 工件	107. 半径左补偿	108. 远离
109. M99	110. 加工中心	111. F	112. N
113. M00	114. /	115. 手动数据输入	116. 首件试切
117. 降低	118. 水平的	119. 初始平面	120. 充分发挥
121. 备份	122. 参数	123. 机床参数	124. 有或无

125. 变量编程	126. 算术运算	127. 宏程序	128. 大于
129. 主偏角	130. 径向力	131. 距离	132. 切弧
133. 工件轮廓	134. 残料	135. 较大	136. 高切除率
137. 长短	138. 减小行距	139. 顶部	140. 等于
141. IT6	142. 1/3	143. 盲孔	144. 伸出量
145. 深槽	146. 齿数	147. 1	148. 配合公差
149. IT7	150. 增环	151. 间隙配合	152. 基轴制
153. 光滑塞规	154. 圆弧面	155. 游标	156. 正零误差
157. 可动刻度	158. 日常维护保养	159. 实绩分析	160. 管好、用好、保养好
161. 点检标准和点检计划		162. 冷却作用	163. 发热
164. 连续供油	165. 油泵电动机	166. 滚珠	167. 反向
168. 电信号	169. 压力	170. 内循环和外循环	171. 脉冲当量
172. 机床参数	173. 平面度	174. 最大差值	175. 成组块规
176. 外圆表面			

二、单项选择题

1. C	2. C	3. B	4. D	5. C	6. B	7. A	8. C	9. B
10. D	11. C	12. A	13. B	14. A	15. C	16. D	17. A	18. C
19. A	20. D	21. B	22. C	23. B	24. C	25. A	26. B	27. B
28. C	29. A	30. A	31. B	32. D	33. D	34. C	35. C	36. B
37. B	38. B	39. B	40. D	41. B	42. C	43. D	44. B	45. D
46. C	47. C	48. A	49. B	50. D	51. B	52. D	53. C	54. D
55. C	56. A	57. A	58. D	59. A	60. D	61. C	62. C	63. D
64. D	65. A	66. B	67. D	68. C	69. D	70. C	71. D	72. C
73. A	74. B	75. A	76. C	77. D	78. A	79. C	80. D	81. A
82. B	83. D	84. A	85. B	86. B	87. A	88. B	89. C	90. A
91. B	92. A	93. C	94. A	95. C	96. A	97. A	98. D	99. D
100. C	101. B	102. C	103. B	104. D	105. A	106. B	107. C	108. A
109. B	110. D	111. A	112. C	113. A	114. A	115. B	116. B	117. B
118. D	119. D	120. C	121. D	122. B	123. D	124. B	125. D	126. C
127. C	128. A	129. B	130. B	131. A	132. D	133. C	134. B	135. A
136. C	137. A	138. C	139. C	140. C	141. B	142. A	143. B	144. C
145. A	146. D	147. C	148. A	149. D	150. B	151. A	152. D	153. B
154. C	155. C	156. B	157. A	158. C	159. D	160. D	161. A	162. C
163. B	164. B	165. A	166. D	167. C	168. C	169. D	170. C	171. B
172. D	173. A	174. B	175. A	176. D	177. B	178. A	179. C	

三、多项选择题

1. ABCD	2. BD	3. ACD	4. AC	5. CD	6. ABD	7. ABCD

8. ABD 9. ABCD 10. AB 11. ABCD 12. BD 13. AC 14. BCD
15. ACD 16. ABC 17. BCD 18. ABD 19. BC 20. ABC 21. AD
22. BD 23. CD 24. BD 25. AC 26. ABD 27. BD 28. AD
29. BC 30. BD 31. AC 32. AD 33. ABD 34. AD 35. ABCD
36. BCD 37. ABD 38. ACD 39. ABD 40. BCD 41. ACD 42. AC
43. BC 44. ABC 45. ABD 46. ABC 47. BCD 48. ABC 49. ABD
50. ACD 51. BC 52. ABC 53. AD 54. BC 55. AB 56. BCD
57. ABCD 58. AC 59. AB 60. BD 61. AB 62. BD 63. CD
64. ABC 65. BD 66. ABCD 67. AC 68. BC 69. ABD 70. ABCD
71. BCD 72. ABC 73. ABC 74. BCD 75. AB 76. AB 77. ABD
78. ACD 79. BCD 80. ABCD 81. ACD 82. AD 83. ABC 84. ABCD
85. BCD 86. AB 87. ACD 88. ABCD 89. BCD 90. ABCD 91. ABC
92. ABCD 93. ABC 94. AB 95. CD 96. CD 97. AD 98. ABC
99. BD 100. ABC 101. ABD 102. AD 103. BC 104. CD 105. BD
106. BC 107. ABC 108. ABCD 109. ABD 110. BCD 111. AB 112. AC
113. ABC 114. BD 115. ABCD 116. ABCD 117. ABCD 118. BCD 119. ABCD
120. AD 121. ACD 122. ACD 123. AD 124. BC 125. ABC 126. ACD
127. ABD 128. BCD 129. ABC 130. BCD 131. ABCD 132. CD 133. ACD
134. BC 135. AC 136. ABCD 137. AB 138. ABCD 139. AC 140. BD
141. AD 142. CD 143. AB 144. BC 145. AC 146. ABC 147. ACD
148. BC 149. BCD 150. AD 151. CD 152. AD 153. BC 154. AC
155. ABCD 156. ABCD 157. ACD 158. BD 159. ACD 160. CD 161. BCD
162. ABD 163. ABC 164. CD 165. AB 166. BCD 167. ACD 168. BC
169. AC 170. CD 171. BC 172. AC 173. BCD 174. ABCD 175. BC
176. ABD

四、判断题

1. √ 2. × 3. × 4. √ 5. × 6. √ 7. × 8. √ 9. ×
10. √ 11. √ 12. × 13. √ 14. × 15. × 16. √ 17. × 18. ×
19. √ 20. × 21. × 22. √ 23. √ 24. √ 25. √ 26. × 27. ×
28. × 29. × 30. √ 31. × 32. √ 33. √ 34. × 35. × 36. √
37. × 38. × 39. × 40. √ 41. √ 42. × 43. √ 44. × 45. ×
46. × 47. × 48. √ 49. × 50. √ 51. √ 52. × 53. × 54. ×
55. × 56. √ 57. √ 58. × 59. × 60. √ 61. × 62. × 63. ×
64. √ 65. × 66. × 67. × 68. × 69. √ 70. × 71. × 72. ×
73. √ 74. √ 75. √ 76. √ 77. × 78. × 79. √ 80. √ 81. ×
82. √ 83. × 84. √ 85. × 86. × 87. √ 88. √ 89. × 90. √
91. × 92. √ 93. √ 94. × 95. √ 96. × 97. × 98. √ 99. √
100. √ 101. √ 102. √ 103. × 104. √ 105. √ 106. √ 107. × 108. ×

109. × 110. × 111. √ 112. √ 113. √ 114. √ 115. √ 116. √ 117. √
118. √ 119. × 120. √ 121. × 122. √ 123. × 124. × 125. √ 126. √
127. √ 128. √ 129. × 130. × 131. √ 132. √ 133. × 134. × 135. √
136. × 137. √ 138. √ 139. √ 140. √ 141. √ 142. × 143. √ 144. √
145. × 146. √ 147. × 148. × 149. √ 150. × 151. × 152. √ 153. ×
154. × 155. √ 156. √ 157. √ 158. × 159. × 160. × 161. √ 162. √
163. × 164. × 165. √ 166. × 167. √ 168. × 169. √ 170. × 171. √
172. √ 173. × 174. √ 175. √ 176. √ 177. × 178. √ 179. × 180. ×
181. × 182. √ 183. √

五、简 答 题

1. 答:闭环数控系统是指进给驱动系统的最后执行元件上有反馈测量(2 分),并通过反馈量来调整进给运动的系统(1 分)。半闭环数控系统是指进给驱动系统有反馈环节(1 分),但反馈量是从传动中间环节上取得信息(1 分)。

2. 答:滚珠丝杠副进行预紧的目的是为了保证反向传动精度和轴向刚度(1 分)。常见的预紧方法有:垫片预紧(1 分)、螺纹预紧(1 分)、齿差调节预紧(1 分)、单螺母变位螺距预加负荷预紧(1 分)。

3. 答:数控铣削适用于一些加工比较困难、形状比较复杂的零件及模具,如曲面加工(2 分);适用于普通铣床难于达到的高精度零件加工(2 分);适于小批量、多品种零件加工(1 分)。

4. 答:选择对刀点的原则是:(1)便于数字处理和简化编程(2 分);(2)在机床上找正容易,加工中便于检查(2 分);(3)引起的加工误差小(1 分)。

5. 答:工艺性分析及处理原则是:(1)零件图纸上的尺寸标注应使编程方便(2 分);(2)分析零件的变形情况,保证获得要求的加工精度(1 分);(3)尽量统一零件轮廓内圆弧的有关尺寸(1 分);(4)保证基准统一原则(1 分)。

6. 答:滚珠丝杠螺母副的滚珠在循环过程中,与丝杠脱离接触的称为外循环(2.5 分),始终与丝杠保持接触的称为内循环(2.5 分)。

7. 答:对导轨的要求有:(1)导向精度高(1 分);(2)耐磨性能好(1 分);(3)足够的刚度(1 分);(4)低速运动平稳性好(1 分);(5)结构简单,工艺性好(1 分)。

8. 答:(1)调速范围要宽,要有良好稳定性(1 分);(2)输出位置精度要高(1 分);(3)负载特性要硬(1 分);(4)响应速度快(1 分);(5)能可逆运行和频繁灵活启停(0.5 分);(6)系统的可靠性高,维护使用方便,成本低(0.5 分)。

9. 答:在夹具的总装图上应标注的主要尺寸和公差有:(1)配合尺寸(1 分);(2)加工面尺寸(1 分);(3)加工面位置尺寸(1 分);(4)定位元件位置尺寸(1 分);(5)夹具的长、宽和高等总体尺寸(1 分)。

10. 答:由于夹具的定位元件与刀具及机床运动的相对位置可以事先调整(1 分),因此加工一批零件时采用夹具工件,既不必逐个找正(1 分),又快速方便(1 分),且有很高的重复精度(1 分),能保证工件的加工要求(1 分)。

11. 答:定位点多于所应限制的自由度数(2 分),说明实际上有些定位点重复限制了同一个自由度(2 分),这样的定位称为重复定位(1 分)。

12. 答:在分析工件定位时通常用一个支承点限制一个自由度(2分),用合理分布的六个支承点限制工件的六个自由度(2分),使工件在夹具中位置完全确定,称为六点定位(1分)。

13. 答:由工件定位所造成的加工面(2分)相对其工序基准的位置误差(2分),叫作定位误差(1分)。

14. 答:在机器制造中使用夹具的目的是:为了保证产品质量(1分),提高劳动生产率(1分),解决机床加工中的特殊困难(1分),扩大机床的加工范围(1分),降低对工人的技术要求(1分)。

15. 答:与普通机床切削相比,数控机床对刀具的要求更高(0.5分)。不仅要求精度高(1分)、刚度好(1分)、耐用度高(1分),而且要求尺寸稳定(1分)、安装调整方便等(0.5分)。

16. 答:由于刀具总有一定的刀具半径或刀尖部分有一定的圆弧半径(1.5分),所以在零件轮廓加工过程中刀位点的运动轨迹并不是零件的实际轮廓(1.5分),刀位点必须偏移零件轮廓一个刀具半径,这种偏移称为刀具半径补偿(2分)。

17. 答:圆柱铣刀主要几何角度包括铣刀前角(2分)、后角(2分)以及螺旋角(1分)。

18. 答:积屑瘤对加工的影响有:(1)保护刀尖,增大刀具实际前角(1.5分);(2)工件的加工精度和表面质量下降(1.5分);(3)机床所受切削力变化不定(2分)。

19. 答:(1)夹紧力作用方向不应破坏工件定位的正确性(2分);(2)夹紧力方向应使所需夹紧力尽可能小(1.5分);(3)夹紧力方向应使工件变形尽可能小(1.5分)。

20. 答:(1)分析零件图样(1分);(2)确定工艺过程(1分);(3)设计工装夹具(0.5分);(4)数值计算(0.5分);(5)编写输入(0.5分);(6)程序输入(0.5分);(7)校对检查程序(0.5分);(8)首件加工(0.5分)。

21. 答:工件坐标系是编程人员在编程时以工件图纸上的某一固定点为原点所建的坐标系(3分),编程尺寸都按工件坐标系中的尺寸确定(2分)。

22. 答:逐点比较插补法是通过不断比较刀具与被加工零件轮廓之间的相对位置(1分),并根据比较结果(1分)决定下一步的进给方向(1分)。一个插补循环的节拍包括偏差判别(0.5分)、坐标进给(0.5分)、新偏差计算(0.5分)、终点判别(0.5分)。

23. 答:所谓三轴联动,是指铣床的三个坐标可同时运动(1.5分),两轴半联动是指三轴铣床中两根轴组合可以同时动作(1.5分)。三轴联动的机床可以加工空间任意曲面(1分),而两轴半机床只能加工平面曲线(1分)。

24. 答:刀具长度补偿是指通过长度补偿指令使编程点在插补运算时(1分),自动加上或减去刀具的一个长度值(2分),使实际加工的长度尺寸不受刀具变化的影响,以简化编程(2分)。

25. 答:在连续轮廓加工过程中,由于刀具总有一定的半径(1分),而机床的运动轨迹是刀具的中心轨迹(1分),为了要得到符合要求的轮廓尺寸(1分),在进行加工时必须使刀具偏离加工轮廓一个半径(1分),以简化编程(1分)。

26. 答:固定循环由以下6个顺序动作组成:(1)X、Y轴定位(1分);(2)快速运动到R参考点(0.5分);(3)孔加工(1分);(4)在孔底的动作(1分);(5)退回到R参考点(0.5分);(6)快速返回到初始点(1分)。

27. 答:对刀点是指数控加工时刀具相对工件运动的起点(1分)。对刀点选取合理,便于数学处理和编程简单(1分),在机床上容易找正(1分),加工过程中便于检查(1分)及引起的加工误差小(1分)。

28. 答:机床坐标系又称机械坐标系(1 分),是机床运动部件的进给运动坐标系(1 分),其坐标轴及方向按标准规定(1 分)。其坐标原点由厂家设定,称为机床原点(1 分)。工件坐标系又称编程坐标系,供编程用(1 分)。

29. 答:(1)分析零件图,确定工艺过程及工艺路线(1 分);(2)计算刀具轨迹的坐标值(1 分);(3)编写加工程序(1 分);(4)程序输入数控系统(1 分);(5)程序校验及首件试切等(1 分)。

30. 答:程序编制方法有两种:手工编程与自动编程(1 分)。手工编程适用于工序多但内容简单、计算方便的场合(2 分)。自动编程适用于型面复杂、计算量大的场合,比如模具制造类编程(2 分)。

31. 答:辅助功能 M 指令用于指定主轴旋转方向(1 分)和启动、停止(1 分),冷却液供给和关闭(1 分),夹具夹紧和松开(1 分),刀具更换等功能(1 分)。

32. 答:CAM 编程软件有:UG(1.5 分)、ProE(1.5 分)、Solid Works(1 分)、Master CAM(1 分)。

33. 答:借助 CAD/CAM 软件系统,使其实现零件的实体造型(1 分)、图形模拟加工(1 分)、机床后置处理(1 分)以及数控代码自动生成(1 分)的过程叫自动编程(1 分)。

34. 答:编程的数学处理就是计算出拟合处理后的所有节点(3 分),并使拟合误差满足工件精度要求(2 分)。

35. 答:数控编程中工件轮廓非圆曲线有两种:一种是非圆曲线的方程是已知的(1 分),例如阿基米德螺线、抛物线(1 分);另一种是非圆曲线不能用数学公式表达(1 分),由列表形式给出,又称为列表曲线(2 分)。

36. 答:完善的数控编程后置处理器应具备:(1)接口功能(1.5 分);(2)NC 程序生成功能(1.5 分);(3)专家系统功能(1 分);(4)反向仿真功能(1 分)。

37. 答:UG CAM 五个模块是:(1)交互工艺参数输入模块(1 分);(2)刀具轨迹生成模块(1 分);(3)刀具轨迹编辑模块(1 分);(4)三维加工动态仿真模块(1 分);(5)后置处理模块(1 分)。

38. 答:UG CAM 后处理模块的功能是:通过使用加工数据文件生成器(2 分),用户可以选择定义特定机床和控制器特性的参数(1 分),包括控制器和机床规格与类型(1 分)、插补方式(1 分)、标准循环等(1 分)。

39. 答:具有全新的 Windows 操作界面(1 分),采用了目前流行的“窗口式操作”(1.5 分)和“以对象为中心”的操作方式(1.5 分),使操作效率较以往版本大幅度提高(1 分)。

40. 答:主偏角为 45°的面铣刀,其径向切削力和轴向切削力大致相等(1 分),所以产生的压力比较均衡(1 分),对机床功率的要求也比较低(1 分),特别适合于铣削产生崩碎切屑的短屑材料工件(2 分)。

41. 答:主轴的端面圆跳动和径向圆跳动(1 分);主轴对工作台的垂直度(1 分);床身导轨直线度(1 分);垂直导轨与工作台垂直度(1 分);横梁导轨与工作台平行度(1 分)。

42. 答:单次平面精铣时,如果面铣刀的刀心轨迹与工件中心线重合,容易引起颤振(2 分),从而影响表面加工质量(2 分),因此,应该避免刀具中心处于工件中间位置(1 分)。

43. 答:端铣用面铣刀圆周表面切削刃为主切削刃(1 分),端部切削刃为副切削刃(1 分),主、副切削刃同时工作(1 分),由主切削刃切去大部分余量(1 分),副切削刃则可起到修光作用(1 分)。

44. 答:硬质合金面铣刀与高速钢面铣刀相比,铣削速度较高(1分),加工效率高(1分),加工表面质量好(1分),并可加工带有硬皮和淬硬层的工件(1分),在数控面铣削时应用广泛(1分)。

45. 答:分析零件图样的主要内容包括:零件轮廓的分析(1分);零件尺寸精度、形位精度的分析(1分);表面粗糙度的分析(1分);技术要求的分析(1分);零件材料、热处理等要求的分析(1分)。

46. 答:刀具从起点接近工件轮廓时,执行G41或G42程序段后(1分),程序开始进入补偿模式(1分),刀具中心从与编程轨迹重合过渡到与编程轨迹偏离一个偏置量(由地址D指定)的过程(1.5分)。该过程在指令G00或G01时才有效(1.5分)。

47. 答:在轮廓加工中,为更多的去除余量,一般情况下刀具半径应尽可能选大一些(2分),但刀具半径要小于轮廓内凹圆弧的半径(1.5分),否则将会发生过切(1.5分)。

48. 答:铣削加工时表面粗糙度值偏大的产生原因有:铣削用量偏大(1.5分);铣削中产生振动(1.5分);铣刀跳动(1分);铣刀磨钝(1分)。

49. 答:数控机床加工的曲面要用许多小直线段去逼近(1分),小直线段的长短与逼近允许的误差有关(1分)。允许的误差越小,小直线段就越短(1.5分)。小直线段的始、终点就是曲面上的坐标点(1.5分)。

50. 答:铣刀在铣削工件曲面时,数控系统控制着铣刀中心移动(1.5分),此刀具中心与工件表面有相应的关系(1.5分),自动编程系统可根据刀具参数及曲面数据计算出刀具中心轨迹(2分)。

51. 答:麻花钻头可能存在左右切削刃不对称,摆差大(1分);钻头横刃太长(1分);钻头刃口崩刃(1分);钻头刃带上有积屑瘤(1分);钻头弯曲(1分)。

52. 答:在钻孔过程中要按照先面后孔、先基准后其他、先高精度后一般的原则(3分),即优先加工或保证基准位置上的孔,或尺寸精度、形位精度要求相对较高的孔(2分)。

53. 答:改进方法是将钻头刃磨锋利(1分);采用适当的后角(1分);加大切削液流量,选择性能好的切削液(1分);减小切削速度、进给量(1分);采用断屑措施或增加钻头退出次数(1分)。

54. 答:加工黑色金属的,螺旋角选得小一点(1.5分),一般在30°左右,保证螺旋齿的强度(1分);加工有色金属的,螺旋角选得大一点(1.5分),可在45°左右,切削锋利一些(1分)。

55. 答:与钻-扩-铰工艺相比,镗孔孔径尺寸不受刀具尺寸的限制(2分);镗孔具有较强的误差修正能力,可通过多次走刀来修正原孔轴线偏斜误差(2分);能使所镗孔与定位表面保持较高的位置精度(1分)。

56. 答:影响轴槽两侧面与工件轴线对称度的因素有:(1)铣刀对中不准(1.5分);(2)铣削中,铣刀让刀量太大(1分);(3)成批生产时,工件外圆尺寸公差太大(1.5分);(4)用扩刀法铣削时,轴槽两侧扩铣余量不一致(1分)。

57. 答:影响轴槽两侧面与工件轴线平行度的因素有:(1)工件外圆直径不一致,有大小头(2分);(2)用平口钳或V形垫铁装夹工件时,固定钳口或V形垫铁没有校正好(3分)。

58. 答:对于封闭深槽铣削,预先钻削一个到底面深度的孔(1分),然后再使用比孔尺寸小的立铣刀在深度方向分层切削,底面与侧面要留有余量(2分)。精加工时先加工底面,然后再对深槽侧壁进行精铣加工(2分)。

59. 答:通常刀具 Z 向切入工件实体的方法有:(1)使用键槽铣刀沿 Z 轴垂直向下进刀切入工件(2.5 分);(2)先预钻一个孔,再用直径比孔径小的平底立铣刀切削(2.5 分)。

60. 答:精铣槽时,进给量大小主要受表面粗糙度要求限制(1 分);切削速度大小主要取决于刀具耐用度(2 分);为了保证加工质量,避免工艺系统受力变形和减小振动,铣削深度和宽度一般留 0.2~0.5 mm 的余量(2 分)。

61. 答:定位是指工件在机床上或夹具里占据某一正确位置,是为了保证加工表面与定位面之间的位置精度(2 分)。夹紧是指在工件定位后把工件固定在机床上或夹具里,给工件施加足够的压力,防止工件运动,并承担切削力(3 分)。

62. 答:数控铣床工序的编排原则有:(1)采用在一次装夹工位上多工序集中加工的原则(2 分);(2)采用按刀具划分工序的原则,即用同一把刀具加工工件所有应用该刀具加工的部位后,再换接第二把刀具(3 分)。

63. 答:为提高加工的几何精度,一般采用粗铣、半精铣、精铣的工艺路线(2 分);孔与端面或平面与平面之间有位置精度要求时,尽可能在一次装夹中完成(2 分);既有平面加工,又有孔加工时,可以先加工平面后加工孔(1 分)。

64. 答:封闭环的上偏差等于所有增环的上偏差之和减去所有减环的下偏差之和(2.5 分);封闭环的下偏差等于所有增环的下偏差之和减去所有减环的上偏差之和(2.5 分)。

65. 答:尺寸链计算形式有:(1)正计算,即已知各组成环求封闭环的尺寸和公差(1 分);(2)反计算,即已知封闭环求其余组成环的尺寸和公差(2 分);(3)中间计算,即已知封闭环和部分组成环,求其中一个组成环的尺寸及公差(2 分)。

66. 答:影响机械加工精度的工艺系统几何因素有:(1)加工原理误差(1 分);(2)调整误差(1 分);(3)机床误差(1 分);(4)夹具的制造误差与磨损(1 分);(5)刀具的制造误差与磨损(1 分)。

67. 答:当机床铣削时,振动很大的主要原因有:(1)主轴松动,包括跳动和窜动(1 分);(2)铣刀磨损严重(1 分);(3)工件夹紧力不够(1 分);(4)工作台松动(1 分);(5)切削用量不合理(1 分)。

68. 答:将被测量表面与粗糙度样板进行比较(1 分),比较时要求样板的加工方法、加工纹理、加工方向以及材料与被测零件表面相同(2 分)。当 $R_a>1.6\ \mu m$ 时目测(1 分),当 $R_a=0.4\sim1.6\ \mu m$ 时用放大镜(1 分)。

69. 答:万能工具显微镜能精确测量各种工件尺寸、角度、形状和位置,以及螺纹制件的各种参数(3 分),可对机械零件、量具、刀具、夹具、模具及电子元器件等进行检验(2 分)。

70. 答:平面度误差测量的常用方法有:打表测量法(1 分)、平晶干涉法(0.5 分)、液平面法(0.5 分)、光束平面法(0.5 分)和激光平面度测量仪方法(0.5 分)。平面度误差的评定方法有:三远点法(0.5 分)、对角线法(0.5 分)、最小二乘法(0.5 分)和最小区域法(0.5 分)等四种。

六、综 合 题

1. 答:加工 $\phi12H7(^{+0.018}_{0})$孔时,最好采用 A 面(1 分)、$\phi10H7(^{+0.015}_{0})$(1 分)及 $\phi30H7(^{+0.021}_{0})$孔定位(1 分)。此种定位方式定位基准与设计基准重合,基准不重合误差为零,定位误差小(1 分)。相应的定位元件为一面两销,$\phi10H7(^{+0.015}_{0})$孔内为菱形销(1 分),$\phi30H7(^{+0.021}_{0})$孔内为圆柱销(1 分)。圆柱销尺寸为 $\phi30f6(^{-0.02}_{-0.033})$(1 分)。采用此种定位方式后,$30\pm0.2$ 工

序尺寸的定位误差为 0(1 分)；35±0.2 工序尺寸的定位误差为：0.021+0.033=0.054<0.4×1/3=0.133，满足加工要求(2 分)。

2. 答：如图 1 所示。(凡错、漏、多一条线各扣 1 分)

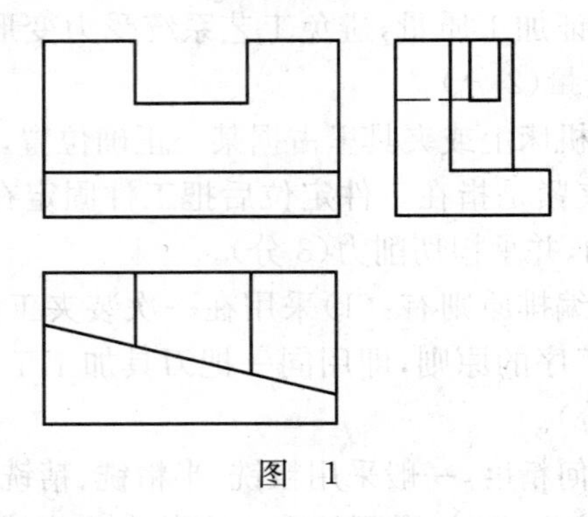

图 1

3. 答：如图 2 所示。(凡错、漏、多一条线各扣 0.5 分)

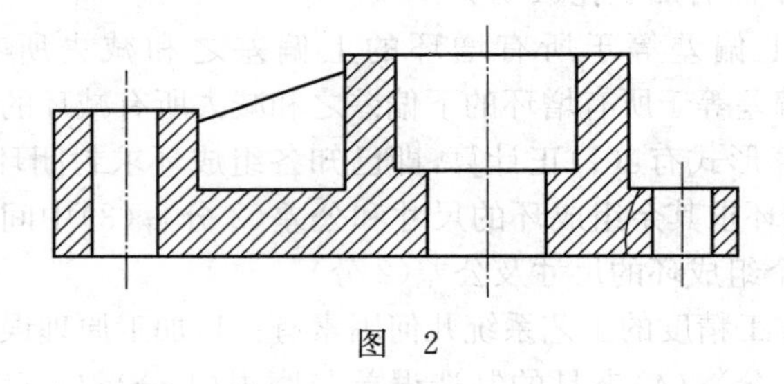

图 2

4. 答：如图 3 所示。(凡错、漏、多一条线各扣 0.5 分)

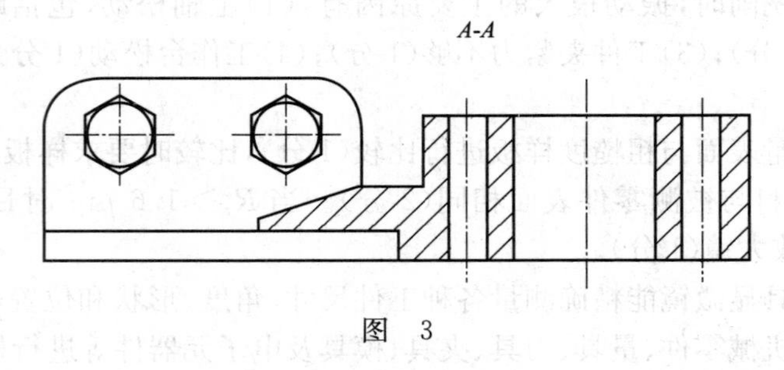

图 3

5. 答：一批工件在夹具中加工时，引起加工尺寸产生误差的主要原因有两类：(1)由于定位基准本身的尺寸和几何形状误差以及定位基准与定位元件之间的间隙所引起的同批工件定位基准沿加工尺寸方向的最大位移，称为定位基准位移误差(3 分)，以 Y 表示(1 分)。(2)由于工序基准与定位基准不重合所引起的同批工件尺寸相对工序基准产生的偏移，称为基准不重合误差(3 分)，以 B 表示(1 分)。上述两类误差之和即为定位误差，可得计算公式 $D=Y+B$(2 分)。

6. 答：铣槽刀具的种类主要有：(1)立铣刀，可铣削各种形状槽的平面和轮廓面(1 分)；(2)键槽铣刀，可铣削各种键槽(1 分)；(3)半圆键铣刀，可铣削半圆键槽(1 分)；(4)三面刃铣刀，可铣削各种直通槽和圆弧形端部的封闭槽(1 分)；(5)T 形槽铣刀，可铣削各种 T 形槽；

(6)对称双角铣刀,可铣削各种角度V形槽(1分);(7)不对称双角铣刀,可铣削螺旋形刀具的刀齿槽(1分);(8)凸半圆铣刀,可铣削各种直径的半圆槽(1分);(9)锯片铣刀,可铣削窄槽(1分);(10)燕尾槽铣刀,可铣削燕尾槽(1分)。

7. 答:数控铣削加工中进给路线对零件的加工精度和表面质量有直接的影响(2分),因此,确定好进给路线是保证铣削加工精度和表面质量的工艺措施之一(2分)。进给路线的确定与工件表面状况(1分)、要求的零件表面质量(1分)、机床进给机构的间隙(1分)、刀具耐用度(1分)以及零件轮廓形状有关(1分)。

8. 答:铣削过程中,铣刀容易向不受力一侧偏让,通常被称为"让刀"(2分)。原因有:(1)一侧受力,另一侧不受力(2分);(2)机床在让刀方向有间隙(2分);(3)刀具在让刀方向上刚性不够(2分);(4)夹具在让刀方向有间隙或刚性不够(2分)。

9. 答:点位控制数控机床,只要求获得准确的加工坐标点的位置,在运动过程中并不进行加工,所以从一个位置移动到另一个位置的运动轨迹不需要严格控制(3分)。直线控制数控机床,除了要求控制位移重点位置外,还能实现平行坐标轴的直线切削 加工,并且可以设定直线切削加工的进给速度(3分)。轮廓控制数控机床能够对两个或两个以上的坐标轴同时进行控制(2分),不仅能够控制机床移动部件的起点与终点坐标值,而且能控制整个加工过程中每一点的速度与位移量(2分)。

10. 答:G00指令要求刀具以点位控制方式从刀具所在位置用最快的速度移动到指定位置(2分),快速点定位移动速度不能用程序指令设定(2分)。G01指令是以直线插补运算联动方式由某坐标点移动到另一坐标点(2分),移动速度由进给功能指令F设定(2分),机床执行G01指令时,程序段中必须含有F指令(2分)。

11. 答:刀具返回参考点的指令有两个(2分)。G28指令可以使刀具从任何位置以快速定位方式经中间点返回参考点,常用于刀具自动换刀的程序段(2分)。G29指令使刀具从参考点经由一个中间点而定位于定位终点(2分),通常紧跟在G28指令之后(2分)。用G29指令可使所有被指令的轴以快速进给经由以前G28指令定义的中间点,然后到达指定点(2分)。

12. 答:数控加工工序顺序的安排可参考下列原则:(1)同一定位装夹方式或用同一把刀具的工序,最好相邻连接完成(2.5分);(2)如一次装夹进行多道加工工序时,则应考虑把对工件刚度削弱较小的工序安排在先,以减小加工变形(2.5分);(3)上道工序应不影响下道工序的定位与装夹(2.5分);(4)先进行内型、内腔加工工序,后进行外形加工工序(2.5分)。

13. 答:刀位点是指确定刀具位置的基准点(2分)。带有多刀加工的数控机床,在加工过程中如需换刀,编程时还要设一个换刀点(2分)。换刀点是转换刀具位置的基准点。换刀点位置的确定应该不产生干涉(2分)。工件坐标系原点也称为工件零点或编程零点,其位置由编程者设定(2分),一般设在工件的设计、工艺基准处,便于尺寸计算(2分)。

14. 答:刀具补偿一般有长度补偿和半径补偿(1分)。刀具长度补偿功能可以用来补偿刀具长度的变化(1分)。利用刀具半径补偿可使同一程序、同一尺寸的刀具进行粗精加工(2分);直接用零件轮廓编程,避免计算刀心轨迹(2分);刀具磨损、重磨、换刀而引起直径改变后,不必修改程序,只需在刀具参数设置状态输入刀具半径改变的数值(2分);利用刀具补偿功能,可用同一个程序加工同一个公称尺寸的内、外两个型面(2分)。

15. 答:在一个加工程序的若干位置上,如果存在某一固定顺序且重复出现的内容,为了简化程序可以把这些重复的内容抽出,按一定格式编成子程序(2分),然后像主程序一样将它们输入到程序存储器中(2 分)。主程序在执行过程中如果需要某一子程序,可以通过调用指令来调用子程序,执行完子程序又可返回到主程序,继续执行后面的程序段(2 分)。为了进一步简化程序,子程序还可调用另一个子程序,这称为子程序的嵌套(2 分)。编程中可使用较多的二重嵌套(2 分)。

16. 答:因为刀具总是有刀尖圆弧半径,所以在零件轮廓加工过程中刀位点运动轨迹并不是零件的实际轮廓(2 分),它们之间相差一个刀尖圆弧半径(1 分),为了使刀位点的运动轨迹与实际轮廓重合,就必须偏移一个刀尖圆弧半径,这种偏移称为刀尖圆弧半径补偿(2 分)。刀尖圆弧半径补偿分为三步,即刀补的建立、刀补的执行和刀补的撤销(3 分)。建立刀补的指令为 G41 和 G42(1 分),取消刀补的指令为 G40(1 分)。

17. 答:编程的零点是编程的尺寸基准,是决定刀具与工件相对位置的依据(1 分)。因此,如果编程零点出现差错,碰撞的可能性就非常大(1 分)。首先,工件零点偏置指令与 G92 设定坐标系指令的关系(2 分);其次,不同系统某些工件零点偏置指令的具体含义不同(2 分);最后,某些同一系统,工件零点偏置指令的具体含义不同(2 分)。因此,编程时如果出现错误,会产生碰撞,造成严重的后果(2 分)。

18. 答:不宜采用数控加工的内容有:(1)占机调整时间长,如以毛坯的粗基准定位加工第一个精基准或需用专用工装协调的加工内容(3 分);(2)加工部位分散(1 分),要多次安装(1 分)、设置原点时,采用数控加工相当麻烦,效果不明显,应安排通用机床进行加工(2 分);(3)某些特定样板加工的型面轮廓,由于获取数据困难,易与检验依据发生矛盾,增加编程难度(3 分)。

19. 答:原因主要有:(1)表面有明显的波纹,切痕间距大,这是由于进给量过大引起的(1.5 分);(2)当工作台塞铁调整不当,引起爬行,加工表面也会出现规则的波纹(1.5 分);(3)铣刀不锋利,使表面切痕粗糙,出现拉毛现象(1.5 分);(4)铣刀安装不好,跳动过大,使切削不平稳(1.5 分);(5)铣削过程中振动太大(1.5 分);(6)切削液采用不当(1.5 分);(7)铣刀几何参数不当(1 分)。

20. 答:原因主要有:(1)由于虎钳导轨面与工作台不平行,或因平行垫铁精度较差等因素,使工件基准面与工作台不平行(3 分);(2)如果与固定钳口贴合的面与基准面的垂直度差,则铣出的平行面也会随之产生误差(3 分);(3)端铣时,若进给方向与铣床主轴轴线不垂直,不仅影响平行度,而且也影响平面度(2 分);(4)周铣时,铣刀圆柱度差,也会影响加工面对基准面的平行度(2 分)。

21. 答:圆形刀片面铣刀的主偏角从 0～90°连续变化(2 分),这主要取决于切削深度(2 分)。这种刀片切削刃强度非常高(1 分),由于沿长切削刃方向产生的切屑比较薄,所以适合大的进给量(1 分)。沿刀片径向切削力的方向在不断改变(1 分),而且在加工过程中所产生的压力将取决于切削深度(1 分)。现代刀片几何槽形的研制使圆形刀片具有平稳的切削效应、对机床功率需求较低、稳定性好等优点(2 分)。

22. 答:对于同一公称尺寸的凹、凸型面,内、外轮廓编写成同一程序(2 分),在加工外轮廓时,设置刀具偏置值,刀具中心将沿轮廓的外侧切削(2 分);当加工内轮廓时,可改变刀具补偿起点和刀补方向,这时刀具中心将沿轮廓的内侧切削(2 分)。这种编程与加工方法在配合件加工中运用较多(2 分),在应用时要注意刀具半径值的变化及刀具半径补偿的方向(2 分)。

23. 答:加工面为空间曲面的零件称为曲面类零件(2 分)。在机械加工中,常会遇到各种曲面类零件,如模具或螺旋桨叶片等(2 分)。由于这类零件型面复杂,需用多坐标联动加工,因此多采用数控铣床或数控加工中心进行加工(2 分)。规划这类曲面的粗、精加工刀具运动轨迹时,常用球头刀采用行切法及环切法进行加工(2 分),可选择环切走刀方式或行切走刀方式(2 分)。

24. 答:(1)内轮廓形状简单、无凸台干涉时,若内轮廓为类似整圆形状,加工完轮廓形状之后,可通过一些整圆刀具轨迹完成余量的清除(3 分);若内轮廓为矩形状,加工完轮廓形状之后,可在 CAD 上通过一些偏置矩形框来编写刀具轨迹完成余量的清除(3 分)。(2)内轮廓形状复杂、有凸台干涉时,加工完所有轮廓形状后,可通过一些直线、圆弧刀轨来完成余量清除(3 分),相关坐标点可通过 CAD 捕捉点功能获取(1 分)。

25. 答:(1)检查钻头的钻尖是否磨钝,重磨钻头(2 分);(2)刃磨时保证钻头左右对称,摆差在允许范围内(2 分);(3)钻头横刃太长,修磨横刃,减小横刃长度(2 分);(4)检查工件表面是否平整,先打中心孔再钻孔 (2 分);(5)检查机床主轴与工作台面的垂直度(1 分);(6)检查工件夹紧是否牢固,改进夹具与定位夹紧方式(1 分)。

26. 答:提高加工斜孔定位精度的措施有:(1)先用键槽铣刀铣削出孔座,使被加工工件表面平直,防止钻头钻偏(2 分);(2)先钻中心孔,中心钻刚性好,钻孔时定心精度高(2 分);(3)采用平刃沟、钻芯大的钻头,平刃沟钻头刚性好,钻孔时不易钻偏(2 分);(4)采用切入性好的钻头(2 分);(5)降低进给速度,以免钻头崩刃、位置偏离(2 分)。

27. 答:立铣刀铣削深槽时,在不干涉内轮廓的前提下,尽量选用直径较大的立铣刀(2 分),直径大的刀具比直径小的刀具的抗弯强度大,加工中不容易引起受力弯曲和振动(3 分)。在立铣刀切削刃长度满足最大深度的前提下,尽量缩短刀具从主轴伸出的长度和立铣刀从刀柄夹持工具的工作部分中伸出的长度(2 分),立铣刀的长度越长,抗弯强度减小,受力弯曲程度大,会影响加工的质量,并容易产生振动(3 分)。

28. 答:(1)数控铣床铣削圆柱型工件上的矩形螺旋槽时,工件做等速转动,同时做匀速直线移动(2 分)。它们之间的关系是工件等速转动一周,工作台必须带动工件同时匀速直线移动一个导程(2 分),因此数控铣床至少要实现一个直线轴和一个与其对应的旋转轴的联动(1 分)。(2)由于螺旋槽是曲面,因此铣削矩形螺旋槽时要用立铣刀,不用三面刃铣刀(2 分)。矩形螺旋槽自槽口到槽底,不同直径处的螺旋角是不相等的,立铣刀铣削时会出现干涉现象(2 分)。所以在保证刀具刚性和加工质量的前提下,铣刀直径越小越好(1 分)。

29. 答:(1)首先画出尺寸链图,如图 4 所示。(3 分)

(2)区分增环、减环。$25^{+0.22}_{0}$是加工过程最后形成的,是尺寸链的封闭环,$60^{0}_{-0.12}$是增环,A_2 是减环。(2 分)

(3)封闭环的基本尺寸及上、下偏差计算。

基本尺寸	上偏差	下偏差
60	0	−0.12
−35	+0.22	+0.12
25	+0.22	0

计算结果为:$A_2=35^{-0.12}_{-0.22}$ mm。(5 分)

30. 答:(1)首先画出尺寸链图,如图 5 所示。(3 分)

(2)区分增环、减环。A_0 是加工过程最后形成的,是尺寸链的封闭环,$A_1 \sim A_3$ 是 3 个组

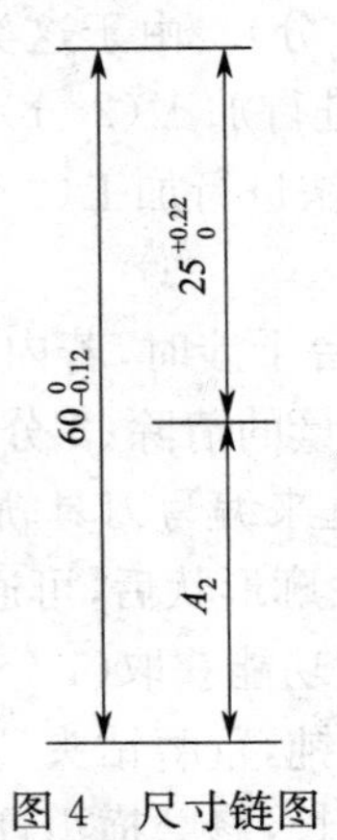

图 4 尺寸链图

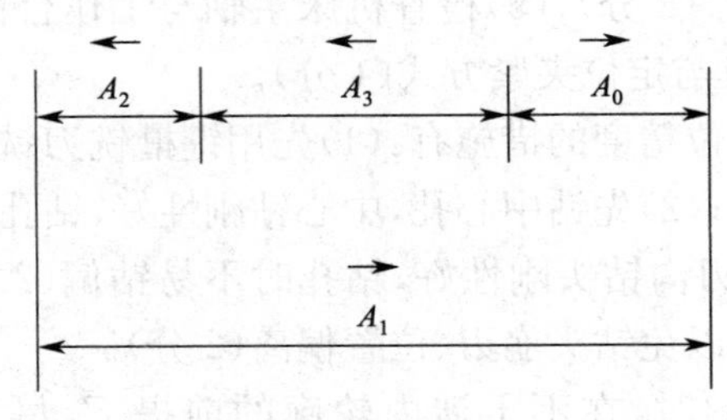

图 5 尺寸链图

成环,其中 A_1 是增环,A_2、A_3 是减环。(2 分)

(3)封闭环的基本尺寸及上、下偏差计算。

基本尺寸	上偏差	下偏差
42	+0.20	−0.10
−10	0	−0.15
−20	+0.10	−0.05
12	+0.30	−0.30

计算结果为:$A_0=12\pm0.30$ mm。(4 分)

(4)按工序尺寸规定加工所得到的 A_0 恰好能满足设计要求 (1 分)。

31. 答:(1)首先画出尺寸链图,如图 6 所示。精车外圆的半径为 $12.65_{-0.042}^{0}$,磨削后外圆半径为 $12.5_{-0.007}^{0}$。(3 分)

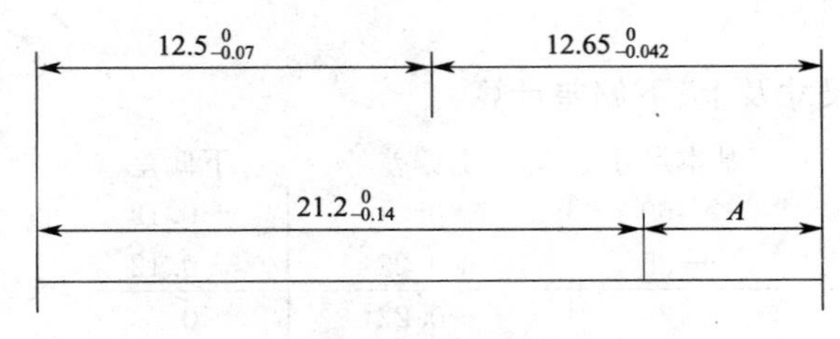

图 6 尺寸链图

(2)区分增环、减环。尺寸 $21.2_{-0.14}^{0}$ 为封闭环,尺寸 $12.65_{-0.042}^{0}$ 和尺寸 $12.5_{-0.007}^{0}$ 为增环,尺寸 A 是减环。(2 分)

(3)A 的基本尺寸及上、下偏差计算。

基本尺寸	上偏差	下偏差
12.5	0	−0.007
12.65	0	−0.042
−3.95	0	−0.091
21.2	0	−0.14

计算结果为:$A=3.95^{+0.091}_{0}$ mm。(5分)

32. 答:(1)两点法测量方法。用外径千分尺测量工件被测外圆表面直径(2分),以被测圆截面上各直径间最大差值之半作为此截面的圆度误差(3分);(2)三点法测量方法。将被测工件置于V形块中,用百分表在被测截面的外圆上进行径向跳动测量(2分),被测工件在V形块中回转一周,从百分表读出最大示值和最小示值,两示值差之半即为被测工件外圆的圆度误差(3分)。

33. 答:(1)检查铣刀刃磨后是否符合图纸要求,及时更换磨损的刀具(2分);(2)检查铣刀安装后的摆动是否超过精度要求范围(2分);(3)检查铣刀刀杆是否弯曲(2分);(4)检查铣刀、刀柄及主轴之间配合连接是否松动(2分);(5)检查铣刀、刀柄及主轴内孔之间是否有杂物、毛刺未清除(2分)。

34. 答:首先将被测零件和测微计放在标准平板上,以标准平板作为测量基准面,把被测实际表面上相距最远的三点所决定的理想平面作为评定基准面(3分)。实测时先将被测实际表面上相距最远的三点调整到与标准平板等高(2分),然后用测微计沿实际表面逐点或沿几条直线方向进行测量(2分),测微计在整个实际表面上测得的最大变动量即为该实际表面的平面度误差(3分)。

35. 答:立铣刀根据其刀齿数目可分为粗齿、中齿和细齿(1分)。粗齿铣刀刀齿数目少、强度高、容屑空间大,适用于粗加工(2分);细齿齿数多、工作平稳,适用于精加工(2分);中齿介于粗齿和细齿之间。被加工工件材料类型和加工的性质往往影响刀齿数量选择(1分)。加工塑性大的工件材料,为避免产生积屑瘤,常用刀齿少的立铣刀,可避免在切削量较大时产生积屑瘤(2分);加工较硬的脆性材料,需要重点考虑的是避免刀具颤振,应选择多刀齿立铣刀(2分)。

数控铣工(中级工)技能操作考核框架

一、框架说明

1. 依据《国家职业标准》注,以及中国北车确定的“岗位个性服从于职业共性”的原则,提出数控铣床操作工(中级工)技能操作考核框架(以下简称:技能考核框架)。

2. 本职业等级技能操作考核评分采用百分制。即:满分为 100 分,60 分为及格,低于 60 分为不及格。

3. 实施“技能考核框架”时,考核制件(活动)命题可以选用本企业的加工件(活动项目),也可以结合实际另外组织命题。

4. 实施“技能考核框架”时,考核的时间和场地条件等应依据《国家职业标准》,并结合企业实际确定。

5. 实施“技能考核框架”时,其“职业功能”的分类按以下要求确定:

(1)“数控编程”、“零件加工”属于本职业等级技能操作的核心职业活动,其“项目代码”为“E”。

(2)“加工准备”、“数控铣床操作”、“数控铣床维护与故障诊断”属于本职业等级技能操作的辅助性活动,其“项目代码”分别为“D”和“F”。

6. 实施“技能考核框架”时,其“鉴定项目”和“选考数量”按以下要求确定:

(1)按照《国家职业标准》有关技能操作鉴定比重的要求,本职业等级技能操作考核制件的“鉴定项目”应按“D”+“E”+“F”组合,其考核配分比例相应为:“D”占 15 分(其中:加工准备 10 分,数控铣床操作 5 分),“E”占 80 分(其中:数控编程 30 分,零件加工 50 分),“F”占 5 分。

(2)依据中国北车确定的“核心职业活动选取 2/3,并向上取整”的规定,在“E”类鉴定项目——“数控编程”与“零件加工”的全部 8 项中,至少选取 6 项。

(3)依据中国北车确定的“其余‘鉴定项目’的数量可以任选”的规定,“D”和“F”类鉴定项目——“加工准备”、“数控铣床操作”、“数控铣床维护与故障诊断”中,至少分别选取 1 项。

(4)依据中国北车确定的“确定‘选考数量’时,所涉及‘鉴定要素’的数量占比,应不低于对应‘鉴定项目’范围内‘鉴定要素’总数的 60%,并向上取整”的规定,考核制件(活动)的鉴定要素“选考数量”应按以下要求确定:

①在“D”类“鉴定项目”中,对应“加工准备”,在已选定的至少 1 个鉴定项目中,至少选取已选鉴定项目所对应的全部鉴定要素的 60%项,并向上保留整数;对应“数控铣床操作”,在已选定的至少 1 个鉴定项目中,至少选取已选鉴定项目所对应的全部鉴定要素的 60%项,并向上保留整数。

②在“E”类“鉴定项目”中,在已选定的至少 6 个鉴定项目所包含的全部鉴定要素中,至少选取总数的 60%项,并向上保留整数。

③在“F”类“鉴定项目”中,在已选定的至少 1 个鉴定项目中,至少选取已选鉴定项目所对

应的全部鉴定要素的60%项,并向上保留整数。

举例分析:

按照上述"第6条"要求,若命题时按最少数量选取,即:在"D"类鉴定项目中分别选取了"零件定位与装夹"和"对刀"2项,在"E"类鉴定项目中选取了"手工编程"、"平面加工"、"轮廓加工"、"孔类加工"、"槽类加工"、"精度检验"6项,在"F"类鉴定项目中选取了"机床精度检查"1项,则:

此考核制件所涉及的"鉴定项目"总数为9项,具体包括:"零件定位与装夹"、"对刀"、"手工编程"、"平面加工"、"轮廓加工"、"孔类加工"、"槽类加工"、"精度检验"、"机床精度检查";

此考核制件所涉及的鉴定要素"选考数量"相应为13项,具体包括:"零件定位与装夹"鉴定项目包含的全部3个鉴定要素中的2项,"对刀"鉴定项目包含的全部2个鉴定要素中的2项,"手工编程"、"平面加工"、"轮廓加工"、"孔类加工"、"槽类加工"、"精度检验"6个鉴定项目包括的全部12个鉴定要素中的8项,"机床精度检查"鉴定项目包含的全部1个鉴定要素中的1项。

7. 本职业等级技能操作需要两人及以上共同作业的,可由鉴定组织机构根据"必要、辅助"的原则,结合实际情况确定协助人员的数量。在整个操作过程中,协助人员只能起必要、简单的辅助作用。否则,每违反一次,至少扣减应考者的技能考核总成绩10分,直至取消其考试资格。

8. 实施"技能考核框架"时,应同时对应考者在质量、安全、工艺纪律、文明生产等方面行为进行考核。对于在技能操作考核过程中出现的违章作业现象,每违反一项(次)至少扣减技能考核总成绩10分,直至取消其考试资格。

注:按照中国北车规定,各《职业技能操作考核框架》的编制依据现行的《国家职业标准》或现行的《行业职业标准》或现行的《中国北车职业标准》的顺序执行。

二、数控铣工(中级工)技能操作鉴定要素细目表

职业功能	鉴定项目				鉴定要素		
	项目代码	名称	鉴定比重(%)	选考方式	要素代码	名称	重要程度
加工准备	D	读图与绘图	10	任选	001	能读懂中等复杂程度(如凸轮、壳体、板状、支架)的零件图	X
					002	能绘制有沟槽、台阶面的简单零件图	X
					003	能绘制有斜面的简单零件图	X
					004	能绘制有曲面的简单零件图	Y
					005	能读懂分度头尾架等简单机构装配图	X
					006	能读懂弹簧夹头等简单机构装配图	Y
					007	能读懂可转位铣刀结构等简单机构装配图	Z
		制定加工工艺			001	能读懂复杂零件的铣削加工工艺文件	X
					002	能编制由直线、圆弧等构成的二维轮廓零件的铣削加工工艺文件	Y

续上表

职业功能	鉴定项目				鉴定要素		
	项目代码	名称	鉴定比重（%）	选考方式	要素代码	名称	重要程度
加工准备	D	零件定位与装夹	5	任选	001	能使用铣削加工常用夹具（如压板、虎钳、平口钳等）装夹零件	X
					002	能选择定位基准	X
					003	能找正零件	X
		刀具准备			001	能根据铣削加工工艺文件选择数控铣床常用刀具	X
					002	能根据铣削加工工艺文件安装数控铣床常用刀具	X
					003	能根据铣削加工工艺文件调整数控铣床常用刀具	Y
					004	能根据数控铣床特性、零件材料、加工精度、工作效率等选择刀具	X
					005	能根据数控铣床特性、零件材料、加工精度、工作效率等选择刀具几何参数	Y
					006	能根据数控铣床特性、零件材料、加工精度、工作效率和刀具，确定数控加工需要的切削参数和切削用量	X
					007	能利用数控铣床的功能，借助通用量具或对刀仪测量刀具的半径及长度	X
					008	能选择、安装和使用刀柄	X
					009	能刃磨常用刀具	Z
数控铣床操作		操作面板			001	能按照操作规程启动机床	X
					002	能按照操作规程停止机床	X
					003	能用操作面板上的常用功能键（如回零、手动、MDI、修调等）	X
		程序输入与编辑			001	能通过操作面板输入加工程序	X
					002	能通过操作面板编辑加工程序	X
					003	能通过各种途径（如 DNC、网络）输入加工程序	Y
		对刀			001	能进行对刀并确定相关坐标系	X
					002	能设置刀具参数	X
		程序调试与运行			001	能进行程序检验	X
					002	能进行程序单步执行	X
					003	能进行程序空运行	X
					004	能完成零件试切	X
		参数设置			001	能通过操作面板输入有关参数	Y

续上表

职业功能	鉴定项目				鉴定要素		
	项目代码	名称	鉴定比重(%)	选考方式	要素代码	名称	重要程度
数控编程	E	手工编程	30	至少选6项	001	能编制由直线、圆弧组成的二维轮廓数控加工程序	X
					002	能运用固定循环进行零件的加工程序编制	X
					003	能运用子程序进行零件的加工程序编制	Y
		计算机辅助编程			001	能使用 CAD/CAM 软件绘制简单零件图	Y
					002	能利用 CAD/CAM 软件完成简单平面轮廓的铣削程序	Z
零件加工		平面加工	50		001	能运用数控加工程序进行平面的铣削加工，并达到如下要求： (1)尺寸公差等级达 IT7 级； (2)形位公差等级达 IT8 级； (3)表面粗糙度达 R_a3.2 μm	X
					002	能运用数控加工程序进行垂直面的铣削加工，并达到如下要求： (1)尺寸公差等级达 IT7 级； (2)形位公差等级达 IT8 级； (3)表面粗糙度达 R_a3.2 μm	X
					003	能运用数控加工程序进行斜面的铣削加工，并达到如下要求： (1)尺寸公差等级达 IT7 级； (2)形位公差等级达 IT8 级； (3)表面粗糙度达 R_a3.2 μm	X
					004	能运用数控加工程序进行阶梯面等的铣削加工，并达到如下要求： (1)尺寸公差等级达 IT7 级； (2)形位公差等级达 IT8 级； (3)表面粗糙度达 R_a3.2 μm	X
		轮廓加工			001	能运用数控加工程序进行由直线、圆弧组成的平面轮廓铣削加工，并达到如下要求： (1)尺寸公差等级达 IT8 级； (2)形位公差等级达 IT8 级； (3)表面粗糙度达 R_a3.2 μm	X
		曲面加工			001	能运用数控加工程序进行圆柱形状简单曲面的铣削加工，并达到如下要求： (1)尺寸公差等级达 IT8 级； (2)形位公差等级达 IT8 级； (3)表面粗糙度达 R_a3.2 μm	Y
					002	能运用数控加工程序进行圆锥形状简单曲面的铣削加工，并达到如下要求： (1)尺寸公差等级达 IT8 级； (2)形位公差等级达 IT8 级； (3)表面粗糙度达 R_a3.2 μm	Z

续上表

职业功能	鉴定项目				鉴定要素		
	项目代码	名称	鉴定比重（%）	选考方式	要素代码	名称	重要程度
零件加工	E	孔类加工			001	能运用数控加工程序进行孔加工，并达到如下要求： (1)尺寸公差等级达 IT7 级； (2)形位公差等级达 IT8 级； (3)表面粗糙度达 $R_a3.2\ \mu m$	X
		槽类加工			001	能运用数控加工程序进行一般沟槽的加工，并达到如下要求： (1)尺寸公差等级达 IT8 级； (2)形位公差等级达 IT8 级； (3)表面粗糙度达 $R_a3.2\ \mu m$	X
					002	能运用数控加工程序进行键槽的加工，并达到如下要求： (1)尺寸公差等级达 IT8 级； (2)形位公差等级达 IT8 级； (3)表面粗糙度达 $R_a3.2\mu m$	X
		精度检验			001	能使用常用量具进行零件的精度检验	X
数控铣床维护与故障诊断	F	数控铣床日常维护	5	任选	001	能根据说明书完成数控铣床机械部分的定期及不定期维护保养，包括检查和日常保养等	X
					002	能根据说明书完成数控铣床电、气、液压系统的定期及不定期维护保养，包括检查和日常保养等	X
					003	能根据说明书完成数控铣床数控系统的定期及不定期维护保养，包括检查和日常保养等	Y
		数控铣床故障诊断			001	能读懂数控系统的报警信息	X
					002	能发现并排除由数控程序引起的一般故障	Y
		机床精度检查			001	能进行机床水平的检查	Y

注：重要程度中 X 表示核心要素，Y 表示一般要素，Z 表示辅助要素。下同。

数控铣工(中级工)
技能操作考核样题与分析

职业名称：

考核等级：

存档编号：

考核站名称：

鉴定责任人：

命题责任人：

主管负责人：

中国北车股份有限公司劳动工资部制

职业技能鉴定技能操作考核制件图示或内容

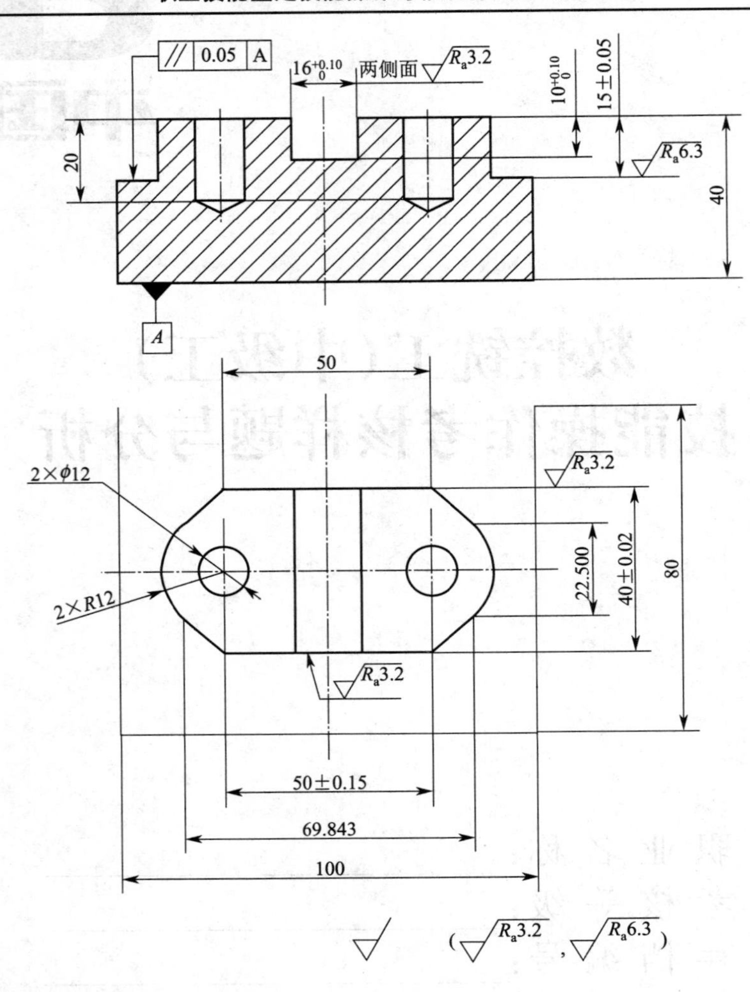

一、技术要求

1. $R15$ 圆弧与切线光滑连接；
2. 尺寸 15±0.05 mm 的台阶底面不允许有大于等于 0.02 mm 的接刀痕；
3. 2×ϕ12 孔加工须采用钻孔固定循环加工；
4. 各加工表面不允许进行手工修挫和抛光处理；
5. 用锉刀去毛刺，锐边倒钝，倒角不大于 $C0.3$。

二、考试规则

1. 考试人员须佩戴劳保护具(自带)，每违反一次安全操作、劳动保护扣 10 分；
2. 文明生产达不到要求，一项扣 2 分；
3. 有重大安全事故、考试作弊者取消其考试资格。

职业名称	数控铣工
考核等级	中级工
试题名称	法兰座
材质等信息：45 号钢，尺寸为 100 mm×80 mm×40 mm	

职业技能鉴定技能操作考核准备单

职业名称	数控铣工
考核等级	中级工
试题名称	法兰座

一、材料准备

1. 材料牌号:45 号钢。
2. 坯件尺寸:100 mm×80 mm×40 mm。
3. 坯件要求:三面垂直度不大于 0.10 mm,上下面平行度不大于 0.02 mm。
4. 坯件数量:每位考试人员各 1 件。

二、设备、工、量、卡具准备清单

序号	名 称	规 格	数量	备 注
1	立式数控铣床	XK715B	1台	FANUC OiM 数控系统
2	平口钳及扳手	DY125	1套	
3	平口钳固定螺栓扳手	24	1副	
4	垫铁	厚度 20 mm 平行度小于 0.02 mm	1个	
5	游标卡尺	0～150 mm/0.02 mm	1副	
6	游标深度卡尺	0～200 mm/0.02 mm	1副	
7	外径千分尺	25～50 mm/0.01 mm	1副	
8	百分表	0～10 mm/0.01 mm	1个	
9	磁力表座	CZ6	1套	
10	R 规	8～15 mm	1套	
11	塞尺	0.02～1 mm	1套	
12	表面粗糙度比较样块	0.8～6.3 μm	1套	平铣和端铣
13	锥柄立铣刀	ϕ20	1支	
14	直柄立铣刀	ϕ14	1支	
15	直柄麻花钻	ϕ12	1支	
16	半圆锉刀	细齿	1把	
17	莫氏锥度刀柄	ST50-MW2-50	1套	
18	弹簧夹套刀柄	ST50-ER32-90	1套	
19	弹簧夹套	ϕ14	1个	
20	弹簧夹套	ϕ12	1个	
21	框式水平仪	0.02 mm/m	1台	

三、考场准备

1. 考场设备应保证能够运转正常,机床精度应满足考核制件的加工精度要求,外部电、气、液应满足设备要求，机床备有充足的乳化切削液。

2. 考场应设有安装、拆卸刀具和刀柄的装置以及扳手等工具。

3. 考场应设有用于制件检验、工具摆放、书写记录等活动的工作台和工位器具。

4. 考场场地应设有安全生产保护措施和卫生清洁装置。

5. 参加考试人员须佩戴劳保护具(自带)。

四、考核内容及要求

1. 考核内容

按考核制件图示及要求制作。

2. 考核时限

考核时限：240 min。

3. 考核评分(表)

项目		序号	技术要求	配分	评分标准	检测记录	得分
加工准备	零件定位与装夹	1	能正确使用平口钳装夹零件	3	操作错误一次扣1分		
		2	能正确选择法兰座的加工定位基准	3	操作错误一次扣1分		
		3	能正确使用百分表找正零件的基准面	4	操作错误一次扣1分		
数控铣床操作	程序输入与编辑	4	能通过操作面板输入加工程序	1	操作错误一次扣1分		
		5	能通过操作面板编辑加工程序	1	操作错误一次扣1分		
	对刀	6	能进行对刀，确定和设置工件坐标系	2	操作错误一次扣1分		
		7	能设置刀具参数	1	操作错误一次扣1分		
数控编程	手工编程	8	正确编制考核制件15±0.05 mm台阶底面的粗铣和精铣数控程序	5	每错一处扣2分		
		9	正确编制考核制件40±0.02 mm及2×R15 mm等直线、圆弧组成的轮廓精铣数控程序	10	每错一处扣2分		
		10	正确编制考核制件2×ϕ12 mm孔加工的数控程序	5	每错一处扣2分		
		11	正确编制考核制件$16^{+0.10}_{0}$ mm槽的粗铣和精铣数控程序	5	每错一处扣2分		
		12	钻孔加工程序应采用固定循环方法进行编程	5	每错一处扣2分，没有采用固定循环编程全扣		
零件加工	平面加工	13	尺寸15±0.05 mm	4	超差0.02 mm扣2分		
		14	尺寸15±0.05 mm的台阶底面不允许有大于等于0.02 mm的接刀痕	3	超差0.02 mm扣2分		
		15	尺寸15±0.05 mm的台阶底面与制件底面平行度不大于0.05 mm	4	超差0.01 mm扣2分		
		16	尺寸15±0.05 mm的台阶底面R_a6.3 μm	4	每降一级扣2分		

续上表

项　目		序号	技术要求	配分	评分标准	检测记录	得分
零件加工	轮廓加工	17	尺寸 40±0.02 mm	2	超差 0.01 mm 扣 1 分		
		18	40±0.02 mm 平面 $R_a3.2\ \mu m$	2	不满足要求全扣		
		19	40±0.02 mm 平面长度尺寸 50 mm	1	超差 50±0.3 mm 全扣		
		20	2×R15 mm 形状	2	间隙大于等于 0.2 mm 全扣		
		21	2×R15 轮廓长度 80 mm	1	超差 80±0.3 mm 全扣		
		22	R15 mm 圆弧与切线光滑连接	2	不满足要求全扣		
	孔类加工	23	孔径 ϕ12 mm	4	超差 ϕ12±0.2 mm 全扣		
		24	孔中心距 50±0.15 mm	4	超差 0.02 mm 扣 1 分		
		25	孔深 20 mm	2	超差 20±0.2 mm 全扣		
	槽类加工	26	槽宽 $16_{0}^{+0.10}$ mm	4	超差 0.02 mm 扣 2 分		
		27	槽二侧面 $R_a3.2\ \mu m$	4	每降一级扣 2 分		
		28	槽深 $10_{0}^{+0.10}$ mm	2	超差 0.02 mm 扣 1 分		
	精度检验	29	正确使用游标卡尺测量 2 孔中心距 50±0.15 mm	1	操作错误或测量结果错误全扣		
		30	正确使用游标深度卡尺测量深度尺寸 15±0.05 mm	1	操作错误或测量结果错误全扣		
		31	正确使用外径千分尺测量宽度尺寸 40±0.02 mm	2	操作错误或测量结果错误全扣		
		32	正确使用 R 规测量 R15 mm 圆弧	1	操作错误或测量结果错误全扣		
数控铣床维护与故障诊断	机床精度检查	33	正确使用水平仪进行机床工作台 X 向的水平检查	3	操作错误或测量结果错误全扣		
		34	正确使用水平仪进行机床工作台 Y 向的水平检查	2	操作错误或测量结果错误全扣		
质量、安全、工艺纪律、文明生产等综合考核项目	考核时限	35		不限	超时停止操作		
	工艺纪律	36		不限	依据企业有关工艺纪律管理规定执行，每违反一次扣 10 分		
	劳动保护	37		不限	依据企业有关劳动保护管理规定执行，每违反一次扣 10 分		
	文明生产	38		不限	依据企业有关文明生产管理规定执行，每违反一次扣 10 分		
	安全生产	39		不限	依据企业有关安全生产管理规定执行，每违反一次扣 10 分，有重大安全事故，取消成绩		

职业技能鉴定技能考核制件(内容)分析

职业名称	数控铣工
考核等级	中级工
试题名称	法兰座
职业标准依据	《数控铣工国家职业标准》、中国北车《数控铣工(中级工)技能操作考核框架》

试题中鉴定项目及鉴定要素的分析与确定

分析事项 \ 鉴定项目分类	基本技能“D”	专业技能“E”	相关技能“F”	合计	数量与占比说明
鉴定项目总数	9	8	3	20	核心职业活动选取2/3,并向上取整
选取的鉴定项目数量	3	6	1	10	
选取的鉴定项目数量占比(%)	33	75	33	50	
对应选取鉴定项目所包含的鉴定要素总数	8	12	1	21	选取的鉴定要素数量占比不低于60%
选取的鉴定要素数量	7	9	1	17	
选取的鉴定要素数量占比(%)	88	75	100	80	

所选取鉴定项目及相应鉴定要素分解与说明

鉴定项目类别	鉴定项目名称	国家职业标准规定比重(%)	《框架》中鉴定要素名称	本命题中具体鉴定要素分解	配分	评分标准	考核难点说明
“D”	零件定位与装夹	10	能使用铣削加工常用夹具装夹零件	能正确使用平口钳装夹零件	3	操作错误一次扣1分	夹紧工件长侧面、底面靠实
			能选择定位基准	能选择法兰座的加工定位基准	3	操作错误一次扣1分	工件长侧面和底面定位
			能找正零件	能使用百分表找正零件的基准面	4	操作错误一次扣1分	百分表拖正固定端钳口
	程序输入与编辑	5	能通过操作面板输入加工程序	能通过操作面板输入加工程序	1	操作错误一次扣1分	在编辑方式下操作
			能通过操作面板编辑加工程序	能通过操作面板编辑加工程序	1	操作错误一次扣1分	认真校对程序内容
	对刀		能进行对刀并确定相关坐标系	能进行对刀,确定和设置工件坐标系	2	操作错误一次扣1分	工件坐标系零点位置确定
			能设置刀具参数	能设置刀具参数	1	操作错误一次扣1分	刀具补偿方向
“E”	手工编程	30	能编制由直线、圆弧组成的二维轮廓数控加工程序	正确编制考核制件15±0.05 mm台阶底面的粗铣和精铣数控程序	5	每错一处扣2分	分成粗铣和精铣工步

续上表

鉴定项目类别	鉴定项目名称	国家职业标准规定比重(%)	《框架》中鉴定要素名称	本命题中具体鉴定要素分解	配分	评分标准	考核难点说明
"E"	手工编程		能编制由直线、圆弧组成的二维轮廓数控加工程序	正确编制考核制件40±0.02 mm及2×R15 mm等直线、圆弧组成的轮廓精铣数控程序	10	每错一处扣2分	圆弧插补方法
				正确编制考核制件2×ϕ12 mm孔加工的数控程序	5	每错一处扣2分	固定循环编程
				正确编制考核制件$16^{+0.10}_{0}$ mm槽的粗铣和精铣数控程序	5	每错一处扣2分	键槽精加工余量
			能运用固定循环进行零件的加工程序编制	能运用固定循环进行零件的钻孔加工程序编制	5	每错一处扣2分,没有采用固定循环编程全扣	固定循环编程
	平面加工	50	能运用数控加工程序进行平面的铣削加工,并达到如下要求:(1)尺寸公差等级达IT7级;(2)形位公差等级达IT8级;(3)表面粗糙度达R_a3.2 μm	能运用数控加工程序进行高度尺寸15±0.05 mm底面的平面铣削加工,尺寸应满足15±0.05 mm	4	超差0.02 mm扣2分	对刀准确
				尺寸15±0.05 mm的台阶底面不允许有大于等于0.02 mm接刀痕	3	超差0.02 mm扣2分	正确选择铣削用量
			能运用数控加工程序进行垂直面的铣削加工,并达到如下要求:(1)尺寸公差等级达IT7级;(2)形位公差等级达IT8级;(3)表面粗糙度达R_a3.2 μm	能运用数控加工程序进行尺寸40±0.02 mm的凸台侧面与底面的垂直铣削加工,底部平面与定位面平行度不大于0.05 mm	4	超差0.02 mm扣2分	定位准确,正确选择铣削用量
			能运用数控加工程序进行阶梯面等的铣削加工,并达到如下要求:(1)尺寸公差等级达IT7级;(2)形位公差等级达IT8级;(3)表面粗糙度达R_a3.2 μm	能运用数控加工程序进行高度尺寸15±0.05 mm阶梯面的铣削加工,底部平面不能出现振纹,R_a6.3 μm	4	每降一级扣2分	正确选择铣削用量,避免崩刀现象,平面不能出现振纹

续上表

鉴定项目类别	鉴定项目名称	国家职业标准规定比重(%)	《框架》中鉴定要素名称	本命题中具体鉴定要素分解	配分	评分标准	考核难点说明
"E"	轮廓加工		能运用数控加工程序进行由直线、圆弧组成的平面轮廓铣削加工，并达到如下要求： (1)尺寸公差等级达IT8级； (2)形位公差等级达IT8级； (3)表面粗糙度达$R_a3.2$ μm	尺寸40±0.02 mm	2	超差0.01 mm扣1分	刀具半径补偿设置
				40±0.02 mm平面$R_a3.2$ μm	2	不满足要求全扣	铣削用量选择
				40±0.02 mm平面长度尺寸50 mm	1	超差50±0.3 mm全扣	测量方法
				2×R15 mm形状	2	间隙≥0.2 mm全扣	避开圆弧位置进刀
				2×R15轮廓长度80 mm	1	超差80±0.3 mm全扣	精加工余量选择
				R15 mm圆弧与切线光滑连接	2	不满足要求全扣	铣削用量选择
	孔类加工		能运用数控加工程序进行孔加工，并达到如下要求： (1)尺寸公差等级达IT7级； (2)形位公差等级达IT8级； (3)表面粗糙度达$R_a3.2$ μm	孔径ϕ12 mm	4	超差ϕ12±0.2 mm全扣	钻头刃磨质量
				孔中心距50±0.15 mm	4	超差0.02 mm扣1分	钻头刃磨质量
				孔深20 mm	2	超差20±0.2 mm全扣	钻头长度补偿正确
	槽类加工		能运用数控加工程序进行一般沟槽的加工，并达到如下要求： (1)尺寸公差等级达IT8级； (2)形位公差等级达IT8级； (3)表面粗糙度达$R_a3.2$ μm	槽宽$16^{+0.10}_{0}$ mm	4	超差0.02 mm扣2分	精加工余量选择
				槽二侧面$R_a3.2$ μm	4	每降一级扣2分	铣削用量选择
				槽深$10^{+0.10}_{0}$ mm	2	超差0.02 mm扣1分	铣刀长度补偿正确
	精度检验		能使用常用量具进行零件的精度检验	正确使用游标卡尺测量2孔中心距50±0.15 mm	1	操作错误或测量结果错误全扣	尺寸换算
				正确使用深度游标卡尺测量深度尺寸15±0.05 mm	1	操作错误或测量结果错误全扣	读数准确
				正确使用外径千分尺测量宽度尺寸40±0.02 mm	2	操作错误或测量结果错误全扣	量具对零校准
				正确使用R规测量R15 mm圆弧	1	操作错误或测量结果错误全扣	间隙检查

续上表

鉴定项目类别	鉴定项目名称	国家职业标准规定比重(%)	《框架》中鉴定要素名称	本命题中具体鉴定要素分解	配分	评分标准	考核难点说明
"F"	机床精度检查	5	能进行机床水平的检查	正确使用水平仪进行机床工作台 X 向的水平检查	3	操作错误或测量结果错误全扣	水平仪用法
				正确使用水平仪进行机床工作台 Y 向的水平检查	2	操作错误或测量结果错误全扣	水平仪用法
质量、安全、工艺纪律、文明生产等综合考核项目				考核时限	不限	超时停止操作	
				工艺纪律	不限	依据企业有关工艺纪律管理规定执行，每违反一次扣10分	
				劳动保护	不限	依据企业有关劳动保护管理规定执行，每违反一次扣10分	劳保护具佩戴
				文明生产	不限	依据企业有关文明生产管理规定执行，每违反一次扣10分	
				安全生产	不限	依据企业有关安全生产管理规定执行，每违反一次扣10分，有重大安全事故，取消成绩	符合安全操作规程

数控铣工(高级工)技能操作考核框架

一、框架说明

1. 依据《国家职业标准》[注],以及中国北车确定的"岗位个性服从于职业共性"的原则,提出数控铣床操作工(高级工)技能操作考核框架(以下简称:技能考核框架)。

2. 本职业等级技能操作考核评分采用百分制。即:满分为100分,60分为及格,低于60分为不及格。

3. 实施"技能考核框架"时,考核制件(活动)命题可以选用本企业的加工件(活动项目),也可以结合实际另外组织命题。

4. 实施"技能考核框架"时,考核的时间和场地条件等应依据《国家职业标准》,并结合企业实际确定。

5. 实施"技能考核框架"时,其"职业功能"的分类按以下要求确定:

(1)"数控编程"、"零件加工"属于本职业等级技能操作的核心职业活动,其"项目代码"为"E"。

(2)"加工准备"、"数控铣床操作"、"数控铣床维护与精度检验"属于本职业等级技能操作的辅助性活动,其"项目代码"分别为"D"和"F"。

6. 实施"技能考核框架"时,其"鉴定项目"和"选考数量"按以下要求确定:

(1)按照《国家职业标准》有关技能操作鉴定比重的要求,本职业等级技能操作考核制件的"鉴定项目"应按"D"+"E"+"F"组合,其考核配分比例相应为:"D"占15分(其中:加工准备10分,数控铣床操作5分),"E"占80分(其中:数控编程30分,零件加工50分),"F"占5分。

(2)依据中国北车确定的"核心职业活动选取2/3,并向上取整"的规定,在"E"类鉴定项目——"数控编程"与"零件加工"的全部10项中,至少选取7项。

(3)依据中国北车确定的"其余'鉴定项目'的数量可以任选"的规定,"D"和"F"类鉴定项目——"加工准备"、"数控铣床操作"、"数控铣床维护与精度检验"中,至少分别选取1项。

(4)依据中国北车确定的"确定'选考数量'时,所涉及'鉴定要素'的数量占比,应不低于对应'鉴定项目'范围内'鉴定要素'总数的60%,并向上取整"的规定,考核制件(活动)的鉴定要素"选考数量"应按以下要求确定:

①在"D"类"鉴定项目"中,对应"加工准备",在已选定的部分或全部鉴定项目中,至少选取已选鉴定项目所对应的全部鉴定要素的60%项,并向上保留整数;对应"数控铣床操作",在已选定的部分或全部鉴定项目中,至少选取已选鉴定项目所对应的全部鉴定要素的60%项,并向上保留整数。

②在"E"类"鉴定项目"中,在已选的7个鉴定项目所包含的全部鉴定要素中,至少选取总数的60%项,并向上保留整数。

③在"F"类"鉴定项目"中,在已选定的部分或全部鉴定项目中,至少选取已选鉴定项目所

对应的全部鉴定要素的60%项,并向上保留整数。

举例分析:

按照上述"第6条"要求,若命题时按最少数量选取,即:在"D"类鉴定项目中分别选取了"刀具准备"和"参数设置"2项,在"E"类鉴定项目中选取了"手工编程"、"平面加工"、"轮廓加工"、"曲面加工"、"孔系加工"、"深槽加工"、"精度检验"7项,在"F"类鉴定项目中选取了"机床精度检查"1项,则:

此考核制件所涉及的"鉴定项目"总数为10项,具体包括:"刀具准备"、"参数设置","手工编程"、"平面加工"、"轮廓加工"、"曲面加工"、"孔系加工"、"深槽加工"、"精度检验","机床精度检查";

此考核制件所涉及的鉴定要素"选考数量"相应为20项,具体包括:"刀具准备"鉴定项目包含的全部4个鉴定要素中的3项,"参数设置"鉴定项目包含的全部3个鉴定要素中的2项,"手工编程"、"平面加工"、"轮廓加工"、"曲面加工"、"孔系加工"、"深槽加工"、"精度检验"7个鉴定项目包括的全部19个鉴定要素中的12项,"机床精度检查"鉴定项目包含的全部4个鉴定要素中的3项。

7. 本职业等级技能操作需要两人及以上共同作业的,可由鉴定组织机构根据"必要、辅助"的原则,结合实际情况确定协助人员的数量。在整个操作过程中,协助人员只能起必要、简单的辅助作用。否则,每违反一次,至少扣减应考者的技能考核总成绩10分,直至取消其考试资格。

8. 实施"技能考核框架"时,应同时对应考者在质量、安全、工艺纪律、文明生产等方面行为进行考核。对于在技能操作考核过程中出现的违章作业现象,每违反一项(次)至少扣减技能考核总成绩10分,直至取消其考试资格。

注:按照中国北车规定,各《职业技能操作考核框架》的编制依据现行的《国家职业标准》或现行的《行业职业标准》或现行的《中国北车职业标准》的顺序执行。

二、数控铣工(高级工)技能操作鉴定要素细目表

职业功能	鉴定项目				鉴定要素		
	项目代码	名称	鉴定比重(%)	选考方式	要素代码	名称	重要程度
加工准备	D	读图与绘图	10	任选	001	能读懂装配图并拆画零件图	X
					002	能根据装配图拆画零件图	X
					003	能测绘零件	X
					004	能读懂数控铣床主轴系统的机构装配图	Y
					005	能读懂数控铣床进给系统的机构装配图	Y
		制定加工工艺			001	能编制二维曲面零件的铣削加工工艺文件	X
					002	能编制简单三维曲面零件的铣削加工工艺文件	Y
		零件定位与装夹			001	能选择和使用组合夹具	X
					002	能选择和使用专用夹具	X
					003	能选择和使用专用夹具装夹异型零件	X

续上表

职业功能	鉴定项目				鉴定要素		
	项目代码	名　称	鉴定比重(%)	选考方式	要素代码	名　称	重要程度
加工准备	D	零件定位与装夹	5	至少选7项	004	能分析并计算夹具的定位误差	Y
					005	能够设计与自制装夹辅具(如轴套、定位件等)	X
		刀具准备			001	能选用专用工具(刀具和其他)	X
					002	能根据难加工材料的特点,选择刀具的材料	X
					003	能根据难加工材料的特点,选择刀具的结构	X
					004	能根据难加工材料的特点,选择刀具的几何参数	X
数控铣床操作		程序调试与运行			001	能在机床中断加工后正确恢复加工	X
		参数设置			001	能进行刀具相关参数设置	X
					002	能进行工件坐标系相关参数设置	X
					003	能依据零件特点,设置并调整机床数控系统参数进行加工	Y
数控编程	E	手工编程	30		001	能编制较复杂的二维轮廓铣削程序	X
					002	能根据加工要求编制二次曲面的铣削程序	Y
					003	能运用固定循环进行零件的加工程序编制	X
					004	能运用子程序进行零件的加工程序编制	X
					005	能进行变量编程	X
		计算机辅助编程			001	能利用CAD/CAM软件进行中等复杂程度的实体造型(含曲面造型)	X
					002	能生成平面轮廓、平面区域、三维曲面、曲面轮廓、曲面区域、曲线的刀具轨迹	X
					003	能进行刀具参数的设定	X
					004	能进行加工参数的设置	X
					005	能确定刀具的切入切出位置与轨迹	X
					006	能编辑刀具轨迹	X
					007	能根据不同的数控系统生成G代码	X
		数控加工仿真			001	能利用数控加工仿真软件实施加工过程仿真、加工代码检查与干涉检查	Y
零件加工		平面加工	50		001	能编制数控加工程序铣削平面,并达到如下要求: (1)尺寸公差等级达IT7级; (2)形位公差等级达IT8级; (3)表面粗糙度达R_a3.2 μm	X
					002	能编制数控加工程序铣削垂直面,并达到如下要求: (1)尺寸公差等级达IT7级; (2)形位公差等级达IT8级; (3)表面粗糙度达R_a3.2 μm	X

续上表

职业功能	鉴定项目				鉴定要素		
	项目代码	名称	鉴定比重(%)	选考方式	要素代码	名称	重要程度
零件加工	E	平面加工			003	能编制数控加工程序铣削斜面，并达到如下要求：(1)尺寸公差等级达 IT7 级；(2)形位公差等级达 IT8 级；(3)表面粗糙度达 $R_a3.2\ \mu m$	X
					004	能编制数控加工程序铣削阶梯面等，并达到如下要求：(1)尺寸公差等级达 IT7 级；(2)形位公差等级达 IT8 级；(3)表面粗糙度达 $R_a3.2\ \mu m$	X
		轮廓加工			001	能编制数控加工程序铣削较复杂的(如凸轮等)平面轮廓，并达到如下要求：(1)尺寸公差等级达 IT8 级；(2)形位公差等级达 IT8 级；(3)表面粗糙度达 $R_a3.2\ \mu m$	X
		曲面加工			001	能编制数控加工程序铣削二次曲面，并达到如下要求：(1)尺寸公差等级达 IT8 级；(2)形位公差等级达 IT8 级；(3)表面粗糙度达 $R_a3.2\ \mu m$	X
		孔系加工			001	能编制数控加工程序对孔系进行切削加工，并达到如下要求：(1)尺寸公差等级达 IT7 级；(2)形位公差等级达 IT8 级；(3)表面粗糙度达 $R_a3.2\ \mu m$	X
		深槽加工			001	能编制数控加工程序进行深槽加工，并达到如下要求：(1)尺寸公差等级达 IT8 级；(2)形位公差等级达 IT8 级；(3)表面粗糙度达 $R_a3.2\ \mu m$	X
					002	能编制数控加工程序进行三维槽加工，并达到如下要求：(1)尺寸公差等级达 IT8 级；(2)形位公差等级达 IT8 级；(3)表面粗糙度达 $R_a3.2\ \mu m$	X
		配合件加工			001	能编制数控加工程序进行配合件加工，尺寸配合公差等级达 IT8 级	X
		精度检验			001	能利用数控系统的功能使用百(千)分表测量零件的精度	X
					002	能对复杂、异形零件进行精度检验	X
					003	能够根据测量结果分析产生误差的原因	X
					004	能够通过修正刀具补偿值来减少加工误差	X
					005	能够通过修正程序来减少加工误差	X

续上表

职业功能	鉴定项目				鉴定要素		
	项目代码	名称	鉴定比重（%）	选考方式	要素代码	名称	重要程度
数控铣床维护与精度检验	F	数控铣床日常维护	5	任选	001	能制定数控铣床的日常维护规程	X
					002	能监督检查数控铣床的日常维护状况	Y
		数控铣床故障诊断			001	能判断数控铣床一般机械故障	X
					002	能判断数控铣床液压、气压和冷却系统的一般故障	X
					003	能判断数控铣床控制与电器系统的一般故障	Y
		机床精度检查			001	能利用量具、量规对机床主轴的垂直平行度、跳动等一般机床几何精度进行检验	X
					002	能利用量具、量规对机床工作台的平行度、平面度等一般机床几何精度进行检验	X
					003	能利用量具、量规对机床水平度等一般机床几何精度进行检验	Y
					004	能进行机床切削精度检验	Z

数控铣工(高级工)
技能操作考核样题与分析

职业名称：________________

考核等级：________________

存档编号：________________

考核站名称：________________

鉴定责任人：________________

命题责任人：________________

主管负责人：________________

中国北车股份有限公司劳动工资部制

职业技能鉴定技能操作考核制件图示或内容

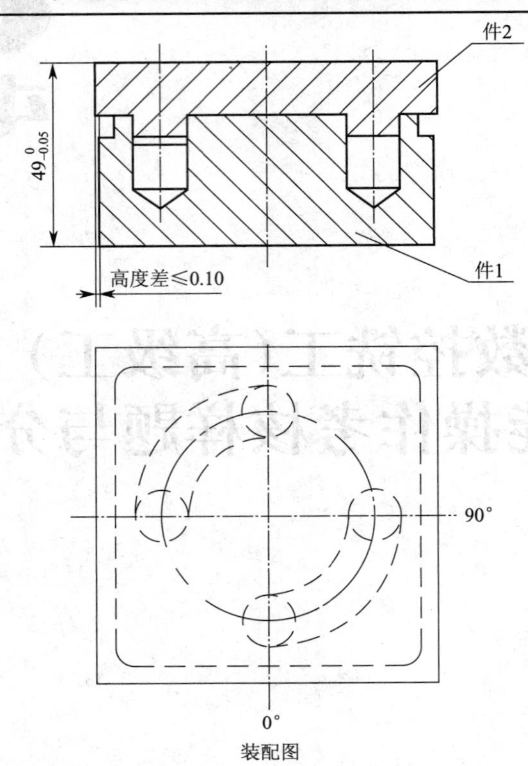

装配图

一、技术要求

1. 件 2 嵌入件 1 后,件 2 能够在件 1 内转动;
2. 件 2 转到 90°和 0°两个位置分别检查:

   总高度 $49^{\ 0}_{-0.05}$ mm;与件 1 对应面的高度差≤0.10 mm;
3. 编制件 1 中 4×$\phi 14^{+0.035}_{\ 0}$ mm 孔的粗加工时,4×ϕ12 mm 孔系加工程序须采用钻孔固定循环方式;
4. 件 2 中的 2×$\phi 14^{-0.02}_{-0.05}$ 圆柱面铣削程序须采用调用子程序方式编制;
5. 各加工表面不允许进行手工修挫和抛光处理;
6. 用锉刀去毛刺,锐边倒钝,倒角不大于 $C0.3$;
7. 未注公差符合 GB/T 1804—2000 的中等 m 级要求。

二、考试规则

1. 考试人员须佩戴劳保护具(自带),每违反一次安全操作、劳动保护扣 10 分;
2. 文明生产达不到要求,一项扣 2 分;
3. 有重大安全事故、考试作弊者取消其考试资格。

职业名称	数控铣工
考核等级	高级工
试题名称	配合件
材质等信息:45 号钢	

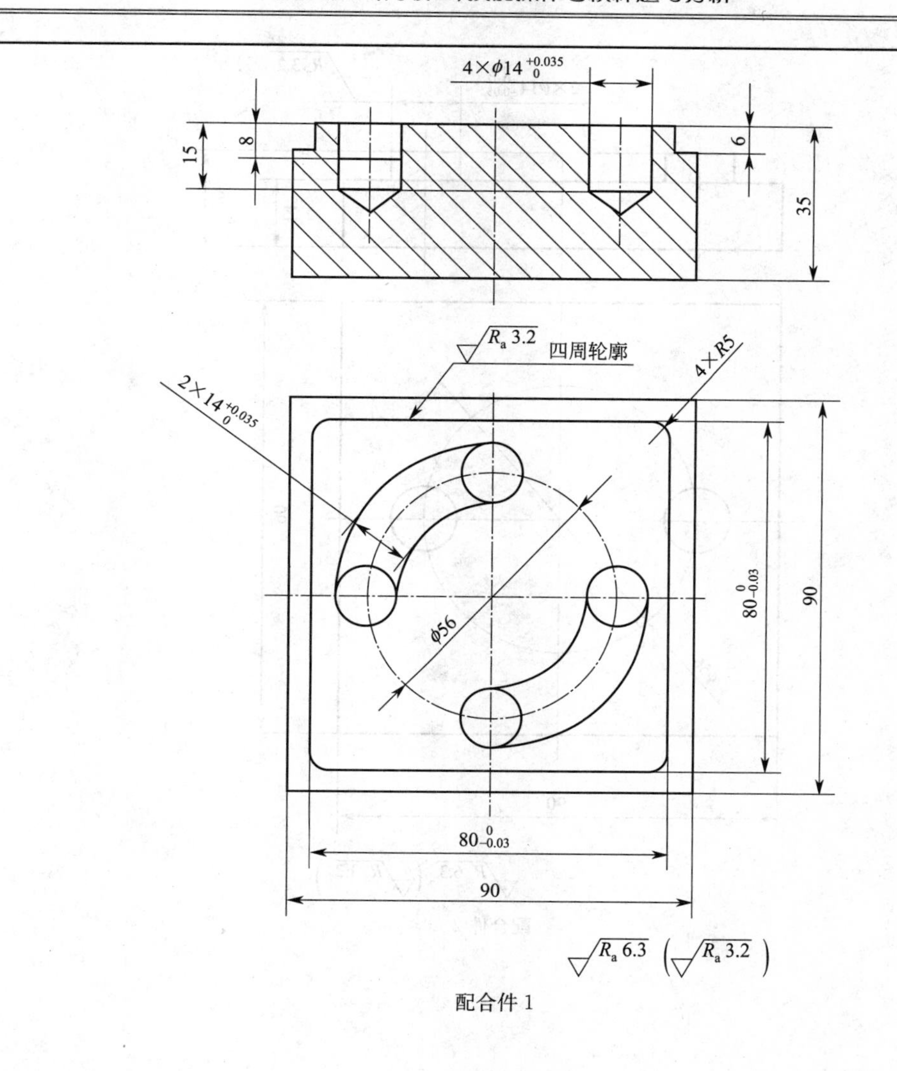

配合件 1

职业名称	数控铣工
考核等级	高级工
试题名称	配合件
材质等信息：45 号钢，坯料 92 mm×92 mm×35 mm	

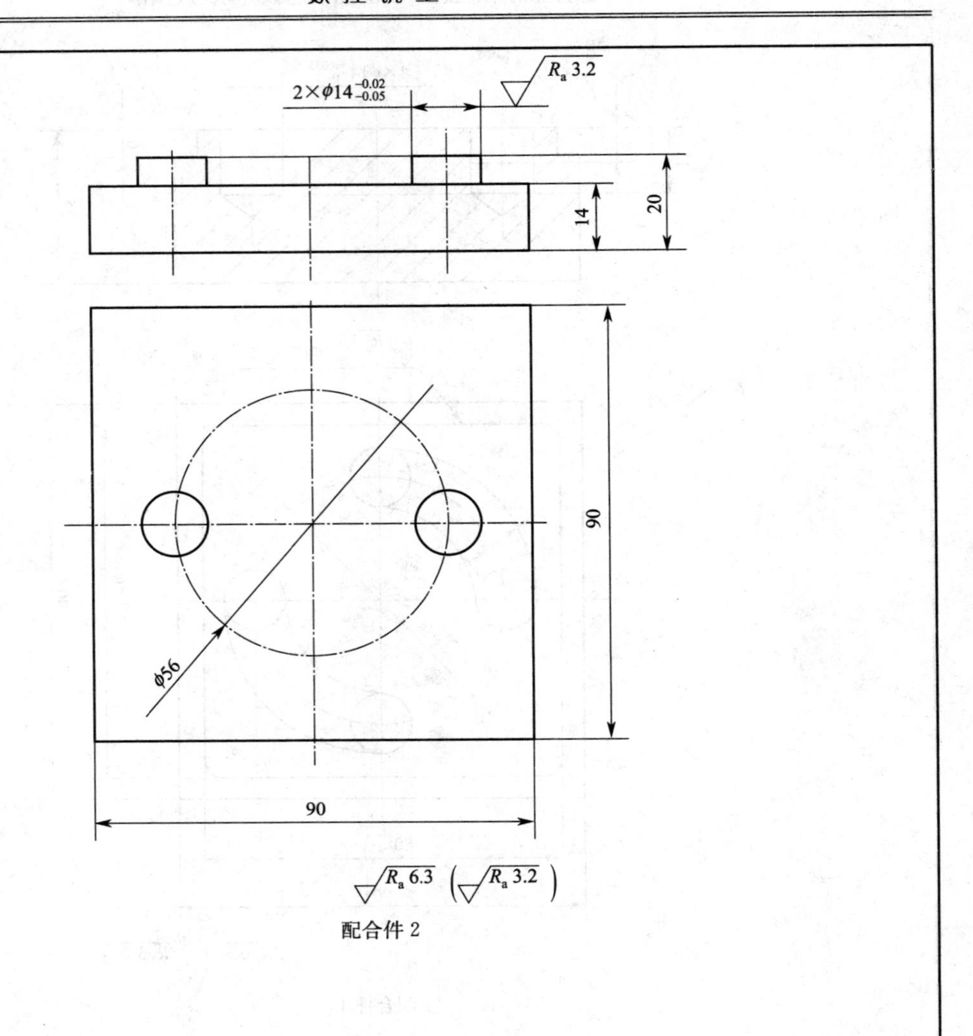

配合件 2

职业名称	数控铣工
考核等级	高级工
试题名称	配合件
材质等信息：45 号钢，坯料 92 mm×92 mm×20 mm	

职业技能鉴定技能操作考核准备单

职业名称	数控铣工
考核等级	高级工
试题名称	配合件

一、材料准备

1. 材料牌号:45 号钢。
2. 坯件尺寸:件 1 为 92 mm×92 mm×35 mm,件 2 为 92 mm×92 mm×20 mm。
3. 坯件要求:上、下大平面需磨削加工,平行度不大于 0.01 mm。
4. 坯件数量:件 1、件 2 每位考试人员各一件。

二、设备、工、量、卡具准备清单

序号	名称	规格	数量	备注
1	立式数控铣床	XK715B	1 台	FANUC OiM 数控系统
2	平口钳及扳手	DY125	1 套	
3	平口钳固定螺栓扳手	24	1 副	
4	垫铁	厚度 20 mm、厚度 10 mm 平行度不大于 0.01 mm	各 1 个	
5	游标卡尺	0～150 mm/0.02 mm	1 副	
6	游标深度卡尺	0～200 mm/0.02 mm	1 副	
7	外径千分尺	0～25 mm/0.01 mm	1 副	
8	外径千分尺	25～50 mm/0.01 mm	1 副	
9	外径千分尺	75～100 mm/0.01 mm	1 副	
10	公法线千分尺	0～25 mm/0.01 mm	1 副	
11	公法线千分尺	50～75 mm/0.01 mm	1 副	
12	深度千分尺	0～25 mm/0.01 mm	1 副	
13	内径千分尺	5～30 mm/0.01 mm	1 副	
14	杠杆百分表	0～0.8 mm/0.01 mm	1 个	
15	百分表	0～10 mm/0.01 mm	1 副	
16	磁力表座	CZ6	1 副	
17	R 规	1～6.5 mm	1 副	
18	R 规	7～14.5 mm	1 副	
19	塞尺	0.02～1 mm	1 副	
20	表面粗糙度仪	便携式	1 台	
21	锥柄端面铣刀	$\phi 40$	1 支	
22	高速钢锥柄立铣刀	$\phi 24$	1 支	
23	高速钢直柄立铣刀	$\phi 12$	1 支	
24	高速钢直柄麻花钻	$\phi 12$	1 支	

续上表

序号	名称	规格	数量	备注
25	硬质合金直柄立铣刀	$\phi12$	1支	
26	半圆锉刀	细齿	1把	
27	莫氏锥度刀柄	ST50-MW4-50	1套	
28	莫氏锥度刀柄	ST50-MW2-50	1套	
29	弹簧夹套刀柄	ST50-ER32-90	3套	
30	弹簧夹套	$\phi12$	3个	

三、考场准备

1. 考场设备应保证能够运转正常，机床精度应满足考核制件的加工精度要求，外部电、气、液应满足设备要求，机床备有充足的乳化切削液。

2. 考场应设有安装、拆卸刀具和刀柄的装置以及扳手等工具。

3. 考场应设有用于制件检验、工具摆放、书写记录等活动的工作台和工位器具。

4. 考场场地应设有安全生产保护措施和卫生清洁装置。

5. 参加考试人员须佩戴劳保护具(自带)。

四、考核内容及要求

1. 考核内容

按考核制件图示及要求制作。

2. 考核时限

考核时限：240 min。

3. 考核评分(表)

项目		序号	技术要求	配分	评分标准	检测记录	得分
加工准备	零件定位与装夹	1	合理选用与机床、刀具匹配的刀柄和弹性夹套	3	选用错误一处扣1分		
		2	正确选择钻孔、平面铣削、粗铣和精铣的刀具材料牌号	3	选用错误一处扣1分		
		3	正确选择孔加工、平面铣削、台阶面铣削和槽加工的刀具类型和结构形式	4	选用错误一处扣1分		
数控铣床操作	程序调试与运行	4	在机床中断加工后，进行手动操作和测量加工尺寸，然后再重新恢复加工	2	操作错误一次扣1分		
	参数设置	5	刀具半径和长度补偿的参数输入	2	操作错误一次扣1分		
		6	正确设置工件坐标系及坐标系参数输入	1	操作错误一次扣1分		
数控编程	手工编程	7	正确编制件1和件2的周边90 mm×90 mm数控加工程序	5	每错一处扣2分		
		8	正确编制件1数控加工程序	10	每错一处扣2分		
		9	正确编制件2数控加工程序	5	每错一处扣2分		

续上表

项目		序号	技术要求	配分	评分标准	检测记录	得分
数控编程	手工编程	10	采用钻孔固定循环编制件1中$4\times\phi14^{+0.035}_{0}$mm的钻$4\times\phi12$ mm孔系加工程序	3	没有采用固定循环编程全扣		
		11	采用调用子程序方式编制件2中的$2\times\phi14^{-0.02}_{-0.05}$mm圆柱加工程序	2	没有采用子程序编程全扣		
	数控加工仿真	12	利用机床数控仿真系统检查程序代码与刀具干涉	5	操作错误一次扣1分		
零件加工	平面加工	13	件1和件2的90 mm×90 mm正方形周边铣削，件1和件2的90 mm尺寸最大值与最小值之差不大于0.05 mm	2	超差0.02 mm扣2分		
		14	件1正方形尺寸$80^{0}_{-0.03}$ mm×$80^{0}_{-0.03}$mm	2	超差0.01 mm扣1分		
		15	件1的80 mm×80 mm正方形深度6 mm	2	允许误差±0.1 mm，超差0.02 mm扣1分		
		16	件1的$4\times R5$ mm	1	允许误差±0.5 mm，有一处不合格全扣		
		17	件1的80 mm×80 mm正方形表面$R_a3.2\ \mu m$	2	达不到要求全扣		
		18	件2的$2\times\phi14^{-0.02}_{-0.05}$mm	2	1个外圆超差0.01 mm扣1分		
		19	件2的阶梯面高度尺寸14 mm	1	允许误差±0.2 mm，超差全扣		
		20	件2的$2\times\phi14$ mm圆柱面$R_a3.2\ \mu m$	2	达不到要求全扣		
	轮廓加工	21	件1内孔$4\times\phi14^{+0.035}_{0}$mm	2	有1处超差0.01 mm扣1分		
		22	件1槽宽$2\times14^{+0.035}_{0}$mm	2	有1处超差0.01 mm扣1分		
		23	件1槽深2×8 mm	1	允许误差±0.2 mm，超差全扣		
		24	件1槽中心线直径$\phi56$ mm	2	允许误差±0.3 mm，超差0.02 mm扣1分		
		25	$4\times\phi14^{+0.035}_{0}$mm孔表面与圆弧槽光滑连接	2	有1处不满足要求扣1分		
	孔系加工	26	孔深15 mm	2	允许误差±0.2 mm，超差全扣		
	配合件加工	27	件2嵌入件1后，件2能够在件1内转动	4	不满足要求全扣		
	精度检验	28	0°位置时，配合件总高度$49^{0}_{-0.05}$mm	4	超差0.01 mm扣1分		
		29	90°位置时，配合件总高度$49^{0}_{-0.05}$mm	4	超差0.01 mm扣1分		
		30	0°位置时，配合件的件1与件2侧面高度差不大于0.10 mm	4	超差0.02 mm扣1分		
		31	90°位置时，配合件的件1与件2侧面高度差不大于0.10 mm	4	超差0.02 mm扣1分		
		32	测量配合件总高度$49^{0}_{-0.05}$mm	1	操作错误或测量结果错误全扣		

续上表

项目		序号	技术要求	配分	评分标准	检测记录	得分
零件加工	精度检验	33	测量件1内孔直径 $\phi 14^{+0.035}_{0}$ mm	1	操作错误或测量结果错误全扣		
		34	测量件2圆柱直径 $\phi 14^{-0.02}_{-0.05}$ mm	1	操作错误或测量结果错误全扣		
		35	正确修正刀具补偿值以调整加工尺寸	1	操作错误全扣		
		36	正确修正程序指令以调整加工尺寸	1	操作错误全扣		
数控铣床维护与精度检验	机床精度检查	37	正确使用百分表检测机床主轴径向跳动	1	操作错误全扣		
		38	正确使用百分表检测 X 向移动对工作台面的平行度	2	操作错误全扣		
		39	正确使用百分表检测主轴回转轴心线对工作台面的垂直度	2	操作错误全扣		
质量、安全、工艺纪律、文明生产等综合考核项目	考核时限	40		不限	超时停止操作		
	工艺纪律	41		不限	依据企业有关工艺纪律管理规定执行，每违反一次扣10分		
	劳动保护	42		不限	依据企业有关劳动保护管理规定执行，每违反一次扣10分		
	文明生产	43		不限	依据企业有关文明生产管理规定执行，每违反一次扣10分		
	安全生产	44		不限	依据企业有关安全生产管理规定执行，每违反一次扣10分，有重大安全事故，取消成绩		

职业技能鉴定技能考核制件(内容)分析

职业名称	数控铣工
考核等级	高级工
试题名称	配合件
职业标准依据	《数控铣工国家职业标准》、中国北车《数控铣工(高级工)技能操作考核框架》

试题中鉴定项目及鉴定要素的分析与确定

分析事项 \ 鉴定项目分类	基本技能“D”	专业技能“E”	相关技能“F”	合计	数量与占比说明
鉴定项目总数	6	10	3	19	核心职业活动选取2/3,并向上取整
选取的鉴定项目数量	3	7	1	11	
选取的鉴定项目数量占比(%)	50	70	33	58	
对应选取鉴定项目所包含的鉴定要素总数	8	18	4	30	选取的鉴定要素数量占比不低于60%
选取的鉴定要素数量	6	13	3	22	
选取的鉴定要素数量占比(%)	75	72	75	73	

所选取鉴定项目及相应鉴定要素分解与说明

鉴定项目类别	鉴定项目名称	国家职业标准规定比重(%)	《框架》中鉴定要素名称	本命题中具体鉴定要素分解	配分	评分标准	考核难点说明
“D”	刀具准备	10	能选用专用工具	合理选用与机床、刀具匹配的刀柄和弹性夹套	3	选用错误一处扣1分	区分锥柄和直柄刀具夹持方式
			能根据难加工材料的特点,选择刀具的材料	正确选择钻孔、平面铣削、粗铣和精铣的刀具材料牌号	3	选用错误一处扣1分	区别高速钢和硬质合金刀具用途
			能根据难加工材料的特点,选择刀具的结构	正确选择孔加工、平面铣削、台阶面铣削和槽加工的刀具结构形式	4	选用错误一处扣1分	刀具结构要满足制件结构和排屑要求
	程序调试与运行	5	能在机床中断加工后正确恢复加工	在机床中断加工后,进行手动操作和测量加工尺寸后,重新恢复加工	2	操作错误一次扣1分	操作方式转换
	参数设置		能进行刀具相关参数设置	刀具半径和长度补偿的参数输入	2	操作错误一次扣1分	刀具参数输入方法
			能进行工件坐标系相关参数设置	正确设置工件坐标系及坐标系参数输入	1	操作错误一次扣1分	工件坐标系零点位置确定
“E”	手工编程	30	能编制较复杂的二维轮廓铣削程序	正确编制件1和件2的周边90 mm×90 mm数控加工程序	5	每错一处扣2分	程序规范、合理、正确
				正确编制件1数控加工程序	10	每错一处扣2分	程序规范、合理、正确
				正确编制件2数控加工程序	5	每错一处扣2分	程序规范、合理、正确
			能运用固定循环进行零件的加工程序编制	采用钻孔固定循环编制件1中4×$\phi14^{+0.035}_{0}$ mm的钻4×ϕ12 mm孔系加工程序	3	没有采用固定循环编程全扣	采用固定循环编程

续上表

鉴定项目类别	鉴定项目名称	国家职业标准规定比重(%)	《框架》中鉴定要素名称	本命题中具体鉴定要素分解	配分	评分标准	考核难点说明
"E"	手工编程	50	能运用子程序进行零件的加工程序编制	采用调用子程序方式编制件2中的$2\times\phi14^{-0.02}_{-0.05}$ mm圆柱加工程序	2	没有采用子程序编程全扣	采用子程序编程
	数控加工仿真		能利用数控加工仿真软件实施加工过程仿真、加工代码检查与干涉检查	利用机床数控仿真系统检查程序代码与刀具干涉	5	操作错误一次扣1分	操作方法正确
	平面加工		能编制数控加工程序铣削平面，并达到如下要求： (1)尺寸公差等级达IT7级； (2)形位公差等级达IT8级； (3)表面粗糙度达$R_a3.2$ μm	件1和件2的90 mm×90 mm正方形周边铣削，件1和件2的90 mm尺寸最大值与最小值之差不大于0.05 mm	2	超差0.02 mm扣2分	定位准确，一次加工
			能编制数控加工程序铣削垂直面，并达到如下要求： (1)尺寸公差等级达IT7级； (2)形位公差等级达IT8级； (3)表面粗糙度达$R_a3.2$ μm	件1的$80^{0}_{-0.03}$ mm×$80^{0}_{-0.03}$ mm	2	超差0.01 mm扣1分	刀补准确，程序正确
				件1的80 mm×80 mm正方形深度6 mm	2	允许误差±0.1 mm，超差0.02 mm扣1分	刀补准确，程序正确
				件1的4×R5 mm	1	允许误差±0.5 mm，有1处不合格全扣	程序正确
				件1的80 mm×80 mm正方形表面$R_a3.2$ μm	2	达不到要求全扣	正确选择铣削用量
			能编制数控加工程序铣削阶梯面等，并达到如下要求： (1)尺寸公差等级达IT7级； (2)形位公差等级达IT8级； (3)表面粗糙度达$R_a3.2$ μm	件2的$2\times\phi14^{-0.02}_{-0.05}$ mm	2	1个外圆超差0.01 mm扣1分	刀补准确，程序正确
				件2的阶梯面高度尺寸14 mm	1	允许误差±0.2 mm，超差全扣	刀补准确，程序正确
				件2的2×ϕ14 mm圆柱面$R_a3.2$ μm	2	达不到要求全扣	正确选择铣削用量
	轮廓加工		能编制数控加工程序铣削较复杂的(如凸轮等)平面轮廓，并达到如下要求： (1)尺寸公差等级达IT8级； (2)形位公差等级达IT8级； (3)表面粗糙度达$R_a3.2$ μm	件1内孔$4\times\phi14^{+0.035}_{0}$ mm	2	有1处超差0.01 mm扣1分	刀补准确，程序正确
				件1槽宽$2\times14^{+0.035}_{0}$ mm	2	有1处超差0.01 mm扣1分	刀补准确，程序正确
				件1槽深2×8 mm	1	允许误差±0.2 mm，超差全扣	刀补准确，程序正确
				件1槽中心线直径ϕ56 mm	2	允许误差±0.3 mm，超差0.02 mm扣1分	程序正确
				$4\times\phi14^{+0.035}_{0}$ mm孔表面与圆弧槽光滑连接	2	有1处不满足要求扣1分	正确选择铣削用量

续上表

鉴定项目类别	鉴定项目名称	国家职业标准规定比重(%)	《框架》中鉴定要素名称	本命题中具体鉴定要素分解	配分	评分标准	考核难点说明
"E"	孔系加工		能编制数控加工程序对孔系进行切削加工，并达到如下要求： (1)尺寸公差等级达IT7级； (2)形位公差等级达IT8级； (3)表面粗糙度达$R_a3.2\ \mu m$	孔深15 mm	2	允许误差±0.2 mm，超差全扣	刀具长度补偿正确
	配合件加工		能编制数控加工程序进行配合件加工，尺寸配合公差等级达IT8级	件2嵌入件1后，件2能够在件1内转动	4	不满足要求全扣	配合尺寸精度
				0°位置配合件总高度$49_{-0.05}^{0}$ mm	4	超差0.01 mm扣1分	配合尺寸精度
				90°位置配合件总高度$49_{-0.05}^{0}$ mm	4	超差0.01 mm扣1分	配合尺寸精度
				0°位置配合件的件1与件2侧面高度差不大于0.10 mm	4	超差0.02 mm扣1分	配合尺寸精度
				90°位置配合件的件1与件2侧面高度差不大于0.10 mm	4	超差0.02 mm扣1分	配合尺寸精度
	精度检验		能对复杂、异形零件进行精度检验	测量配合件总高度$49_{-0.05}^{0}$ mm	1	操作错误或测量结果错误全扣	配合件测量方法
				测量件1内孔直径$\phi14_{0}^{+0.035}$ mm	1	操作错误或测量结果错误全扣	内径千分尺使用方法
				测量件2圆柱直径$\phi14_{-0.05}^{-0.02}$ mm	1	操作错误或测量结果错误全扣	公法线千分尺使用方法
			能够通过修正刀具补偿值来减少加工误差	正确修正刀具补偿值以调整加工尺寸	1	操作错误全扣	修正刀具补偿值方法
			能够通过修正程序来减少加工误差	正确修正程序指令以调整加工尺寸	1	操作错误全扣	修正程序指令方法
"F"	机床精度检查	5	能利用量具、量规对机床主轴的垂直平行度、跳动等一般机床几何精度进行检验	正确使用百分表检测机床主轴径向跳动	1	操作错误全扣	径向跳动检测方法
			能利用量具、量规对机床工作台的平行度、平面度等一般机床几何精度进行检验	正确使用百分表检测X向移动对工作台面的平行度	2	操作错误全扣	X向移动对工作台面的平行度检测方法
			能利用量具、量规对一般机床几何精度进行检验	正确使用百分表检测主轴回转轴心线对工作台面的垂直度	2	操作错误全扣	主轴回转轴心线对工作台面的垂直度检测方法

续上表

鉴定项目类别	鉴定项目名称	国家职业标准规定比重(%)	《框架》中鉴定要素名称	本命题中具体鉴定要素分解	配分	评分标准	考核难点说明
质量、安全、工艺纪律、文明生产等综合考核项目				考核时限	不限	超时停止操作	
				工艺纪律	不限	依据企业有关工艺纪律管理规定执行，每违反一次扣10分	
				劳动保护	不限	依据企业有关劳动保护管理规定执行，每违反一次扣10分	劳保护具佩戴
				文明生产	不限	依据企业有关文明生产管理规定执行，每违反一次扣10分	
				安全生产	不限	依据企业有关安全生产管理规定执行，每违反一次扣10分，有重大安全事故，取消成绩	符合安全操作规程

参 考 文 献

[1]劳动与社会保障部培训就业司. 国家职业标准汇编.第三分册:上册[M].北京:中国劳动与社会保障出版社，2006.
[2]中国就业培训指导中心. 职业道德[M]. 北京:中央广播电视大学出版社，2010.
[3]王先逵. 机械加工工艺手册[M]. 北京:机械工业出版社,2006.
[4]顾力平. 数控机床编程与操作[M]. 北京:中国劳动与社会保障出版社，2005.
[5]徐创文,朱玉红. 数控技术及其应用[M]. 兰州:兰州大学出版社，2002.
[6]陈明方. 数控原理与系统参数[M]. 北京:清华大学出版社，2011.